权威·前沿·原创

皮书系列为

“十二五”“十三五”国家重点图书出版规划项目

智库成果出版与传播平台

中国工业设计发展报告（2021）

DEVELOPMENT REPORT ON CHINA'S INDUSTRIAL DESIGN (2021)

主　编 / 于　炜　张立群　田　斌
副主编 / 姜鑫玉　于　钊

社会科学文献出版社
SOCIAL SCIENCES ACADEMIC PRESS (CHINA)

图书在版编目（CIP）数据

中国工业设计发展报告．2021／于炜，张立群，田斌主编．－－北京：社会科学文献出版社，2021．5
（工业设计蓝皮书）
ISBN 978－7－5201－8311－6

Ⅰ．①中… Ⅱ．①于… ②张… ③田… Ⅲ．①工业设计－研究报告－中国－2021 Ⅳ．①TB47

中国版本图书馆 CIP 数据核字（2021）第 079608 号

工业设计蓝皮书
中国工业设计发展报告（2021）

主　　编／于　炜　张立群　田　斌
副 主 编／姜鑫玉　于　钊

出 版 人／王利民
组稿编辑／路　红
责任编辑／白　云

出　　版／社会科学文献出版社（010）59367194
　　　　　地址：北京市北三环中路甲 29 号院华龙大厦　邮编：100029
　　　　　网址：www. ssap. com. cn
发　　行／市场营销中心（010）59367081　59367083
印　　装／天津千鹤文化传播有限公司

规　　格／开 本：787mm × 1092mm　1/16
　　　　　印 张：17．5　字 数：261 千字
版　　次／2021 年 5 月第 1 版　2021 年 5 月第 1 次印刷
书　　号／ISBN 978－7－5201－8311－6
定　　价／168．00 元

《中国工业设计发展报告（2021）》
编　委　会

主要编撰者简介

于　炜　博士，教授，华东理工大学艺术设计与传媒学院副院长、交互设计与服务创新研究所所长，上海交通大学城市科学研究院院长特别助理、特聘研究员，泰国宣素那他皇家大学（Suan Sunandha Rajabhat University，简称 SSRU）设计学院特聘博士研究生导师，美国芝加哥设计学院（IIT Institute of Design，又名新包豪斯学院）客座研究员，全国文化智库联盟常务理事，国家级教学成果奖评审专家，教育部学位与研究生教育发展中心评审专家，上海市教育考试院艺术类专业评审专家，山西省森林生态绿色发展研究院执行院长，鸿坤文化艺术基金会专家委员会执行主任，核心期刊《包装工程》评审专家。主要学术成果：主持或参与国家“十三五”规划前期重大遴选课题、相关省部级多项规划及设计项目；参与中宣部“2018 年主题出版重点出版物”之“改革开放研究丛书”《中国文化发展（1978 ~ 2018）》创作，担任“中国设计与工艺美术发展 40 年”一文作者。主要研究方向为工业设计原理与管理、交互创新与整合服务设计。

张立群　博士，副教授，上海交通大学设计管理研究所所长、设计学院设计系主任，上海交通大学城市科学研究院特聘研究员，博士研究生导师。主要研究方向为产品创新策略与设计管理、用户驱动的体验创新。

田　斌　博士，工业和信息化部国际经济技术合作中心工业经济研究所副所长，法国巴黎政治学院访问学者。主要学术成果：《中国经济外交》

（执行主编）。在《国际经济合作》《人民论坛·学术前沿》《国际贸易》《经济参考报》《环球时报》等杂志、期刊、报纸以及求是网、中国经济网等发表30余篇文章，主持及参与完成了商务部“以‘开放’换‘开放’利弊分析及对外谈判策略”“‘一带一路’风险评估及对策建议”等多项重大课题。

前 言

2020年以来的工业设计发展不仅表现在以大数据、物联网、人工智能以及5G等技术为代表的新兴科技突飞猛进的发展上，更反映在政治、经济、文化，尤其是“后疫情时代”给人类带来的思想观念、行为模式、生活方式等变化上。专业研究人员和行业观察者需要对国内外工业设计的功能使命和内涵外延等进行即时的总结思考与现状梳理，明确其未来发展趋势，为工业设计的理论创新及实践应用提供及时有益的指导。新技术带来了新的需求，人们对工业产品乃至工业设计提出了新要求。这个要求不仅是物质的，还有精神文化等非物质方面的。人们对产品和服务的要求更多的是品质保证与品牌认知，不仅是对商品的使用功能的基本要求，而且是对良好的内在生命满足和外在生态系统之和谐圆满的要求。

新冠肺炎疫情对全球经济增长和生产生活都造成了重大影响，各国亟须对经济增长方式进行调整。但传统制造业中多数产品产量已进入高峰期，行业产能过剩，如何才能提高工业增加值并拉动GDP？不能再仅仅依靠量的扩张，而要靠产品的质量、品种、品牌来提升附加值；要靠节能降耗来优化生态环境。因此，随着新一轮科技革命和产业革命的演化，工业设计的内涵也在不断地深化、扩展和延伸，正是发展中国家创新驱动转型发展的时机。

影响工业设计发展的因素有很多，对工业设计自身的创新突破势在必行。首先，特别需要重点聚焦全球性传播疾病给工业设计带来的影响与人类对生活理念的反思。其次，推动工业设计创新的因素中，除了科技、商业、产业这些主要因素外，生活方式、流行趋势、全球设计评价也起到更大的推动作用。未来，国家工业设计的健康发展应该体现在能够创造出反映本国优质生活方式和审美风格、走在国际流行趋势前端的产品，同时建立全球范围内的优秀设计评价体系。因此，无论哪个国家或地区，其工业设计的风格和评价体系将逐渐显现本土化趋势。最后，再次强调，工业设计的内涵越来越丰富，出现了更多的自然融合与积极整合新趋势，需要业界关注研究。经济全球化、信息全球化进程的加速使得需求与购买行为日趋统一，而产品的整合设计与生产也成为必然趋势。新时代，整合设计要求设计师不仅从艺术、实用角度看待产品，更要全面地考虑经济、服务等方面，要求设计师用综合、整体、均衡的眼光看待问题。

《中国工业设计发展报告（2021）》是一部全面、系统地反映国际国内工业设计发展的报告。该报告集聚中国工业设计领域的众多资深专家、学者、企业家、行业管理者，形成了一支业界高水平的作者队伍。报告内容丰富，指导性强，是一部了解、研究和把握国际国内工业设计发展趋势和动态、探索工业设计区域发展成果、分享企业创新设计经验、推动工业设计发展的重要文献。

我们真诚地希望，《中国工业设计发展报告（2021）》能够成为学者、企业家、管理者从事理论研究、设计实践的良师益友。设计创造财富，也创造美好的生活和未来。让我们共同努力，通过工业设计把“中国创造”、“中国品牌”和“中国服务”推向世界。

《中国工业设计发展报告（2021）》编委会

2021 年 4 月

摘　要

随着经济全球化、社会信息化深入发展，设计服务在实施创新驱动发展战略和提升经济发展质量中发挥着越来越重要的支撑作用。在这种形势下，国务院做出了推进文化创意和设计服务与相关产业融合发展的战略部署。《中国工业设计发展报告（2021）》旨在全面、系统地反映国际国内工业设计的发展情况，为中国工业设计的建设提供建议。

本报告运用文献分析法、文献计量分析法对中国工业设计协会、国家统计局、世界知识产权组织等公布的工业设计指标、知识产权相关数据进行统计分析，对工业设计的发展进行了梳理。报告着重分析了在新的科技革命兴起、产业转型升级、新冠肺炎疫情对全球化与实体经济造成深远影响，以及新技术、新产业、新模式、新业态蓬勃发展的背景下，未来中国工业设计发展所面临的诸多挑战。旨在为读者阐述国际工业设计的最新趋势，指出中国工业设计发展的优势与不足，提出新冠肺炎疫情下的中国工业设计，于危机中孕育着新的机会，要注重国际化和本土化的结合，培养复合型设计人才，以不断提升中国工业设计的竞争力，彰显了独特的前瞻性和指导意义。

本报告分为总报告、行业篇、区域篇、专题篇、比较与借鉴篇、案例篇6个板块，注重突出系统性、前沿性、创新性和国际性；注重理论价值与应用价值相统一、学术研究与实际应用相统一。本报告对于把握国际国内工业设计发展趋势和动态、评估工业设计区域发展成果、分享企业创新设计经验、推动工业设计发展具有重要意义。

关键词： 工业设计　创新设计　设计产业　设计服务

目录

Ⅰ 总报告

Ⅱ 行业篇

Ⅲ 区域篇

Ⅳ 专题篇

Ⅴ 比较与借鉴篇

Ⅵ 案例篇

皮书数据库阅读**使用指南**

总 报 告

General Report

B.1
大变局时代的中国工业设计及其发展走向（2021）

《中国工业设计发展报告》课题组*

摘　要： 近年来，随着科技革命及产业变革的迅速兴起，新技术、新产业、新模式、新业态蓬勃发展，工业设计已然成为一种跨学科的专业，将创新、技术、商业、研究及消费者紧密联系在一起，共同进行创造性活动。“十四五”期间，国家还将继续大力推动工业设计发展，工业设计已成为国家创新发展的引领性产业以及全球创新发展的强大动力。2020年初一场突如其来的新冠肺炎疫情的肆虐，加快了技术变革下的百年未有之大变局

---

* 《中国工业设计发展报告》课题组组长：于炜；课题组成员：张立群、田斌、于钊、姜鑫玉。执笔人：于炜，博士，教授，华东理工大学艺术设计与传媒学院副院长、交互设计与服务创新研究所所长，上海交通大学城市科学研究院院长特别助理、特聘研究员，泰国宣素那他皇家大学（Suan Sunandha Rajabhat University，简称 SSRU）设计学院特聘博士研究生导师，山西省森林生态绿色发展研究院执行院长，美国芝加哥设计学院（IIT Institute of Design，又名新包豪斯学院）客座研究员，全国文化智库联盟常务理事，核心期刊《包装工程》评审专家等，主要研究方向为工业设计原理与管理、交互创新与整合服务设计。

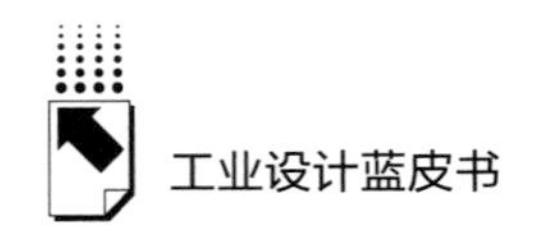

的演进，同时也深深地影响了工业设计的理论与实践。国内工业设计呈现从实体经济到虚拟经济，再到实体经济的发展过程。后疫情时代，设计需要进行整体性、全方位的反思，而非仅仅局限于局部和技术层面。后疫情时代下的创新设计，需要努力在危机中育新机、于变局中开新局，加强对设计的反思，深刻体悟人类命运共同体的意义和内涵。

关键词： 工业设计 设计数字化 设计产业

近年来，随着科技革命及产业变革的迅速兴起，新技术、新产业、新模式、新业态蓬勃发展，工业设计正成为国家乃至全球社会、经济创新发展的强大动力。2020年初以来新冠肺炎疫情的蔓延，加速了百年未有之大变局的演进，中国发展的内部条件和外部环境正在发生深刻复杂的变化。“十四五”时期将是中国开启全面建设社会主义现代化国家新征程的第一个五年，谋划好“十四五”发展十分重要；创新设计成为国家及全球经济、社会健康发展的强大驱动力，工业设计的作用意义更加凸显，并在不同程度上引导工业设计理念与实践应用方面的新进展。

具体讲，大数据、人工智能等技术成为工业设计的强大驱动力，工业设计的设计范式发生了转变，呈现出向服务设计及社会创新设计的转型升级。文化创意与旅游产业繁荣发展，推动了乡村振兴的发展；食品设计、包容性设计、社会设计、整合设计等设计理念在实践中也不断激发新成果，呈现统合性与精细化的并行发展。随着云端平台建设、传统行业的互联网化等产业数字化和数字产业化深入展开，工业设计呈现线下线上复合发展模式。5G、物联网等网络技术融合发展及交互方式的体验不断提升，工业设计正呈现从实体经济到虚拟经济、由硬件到软件的转化。设计扶贫、乡村振兴、文旅康养将城乡互联，推动了大工业设计理念从城市到乡村、从工业到农业的创新延伸。对故宫文创、敦煌文创等传统文化的新提炼，实现了工业设计产品从

古到今、从艺术到科学的追溯。中国红、江南绿、丝路黄、海湾蓝实现了人类多元文化由素到彩等和而不同的新转变；区块链技术等的运用，使产品从“为我所有”、“为我所创”到“为我所用”，体现了从个人到共创共享的变化。新时代赋予工业设计新的发展机遇和使命，工业设计呈现出前所未有的新内涵与新格局。

一　国内外工业设计研究与实践概述

（一）国际工业设计理论研究

1. 国际工业设计定义

近年来，国际上对工业设计理念有了许多新的认识。2015 年，世界设计组织（World Design Organization，WDO）对工业设计做出最新定义：“（工业）设计旨在引导创新、促进商业成功及提供更好质量的生活，是一种将策略性解决问题的过程应用于产品、系统、服务及体验的设计活动。”

工业设计从内涵到外延，已然成为一种跨学科的创新设计，将创新、技术、商业、研究及消费者紧密联系在一起，共同进行创造性活动，通过重新解构问题，建立更好的产品、系统和商业网络，提供新的价值以及竞争优势。工业设计是通过其输出物对社会、经济、环境及伦理方面的回应，旨在创造一个更好的世界。

2. 国际工业设计学术思潮创新

伴随着工业设计内涵的更新，我们可以看到包容性设计、交互设计、文创设计、服务设计、社会设计等许多新的学术概念逐渐为人们熟知。伴随着工业设计边界的扩展，工业设计的内容不断丰富，大众对工业设计概念的认知也不断提升。互联网行业和智能科技的发展，以及社会创新、生态环境、跨界实验、用户体验等问题所引发的新的学术思潮已然成为国内外工业设计研究的热门选择。设计逻辑也随之更新递进，正从工业时代的机械逻辑，转向信息时代的交互逻辑及智能时代的智能逻辑。

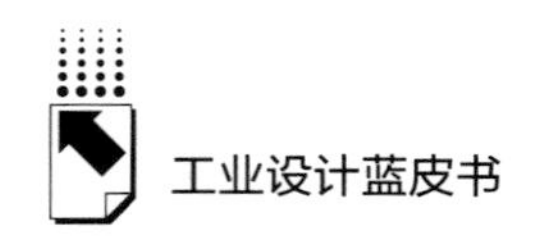

（二）国际工业设计实践发展

1. 欧美等主要发达国家的实践发展

近五年来，欧美发达国家的工业设计实践主要集中在军工等高端上游领域重点产品设计和文化衍生产品设计（如博物馆文创等）。但总的来看，民用实体经济发展逐渐被虚拟经济如金融等衍生产品取代，造成2020年新冠肺炎疫情时期的被动。欧美等发达国家如美国、德国和英国的工业设计发展较早，技术先进，整体水平较高，具有世界影响力的设计品牌众多，基本代表了国际工业设计的发展潮流。世界知名设计品牌就有IDEO公司、青蛙设计公司、西门子设计公司、日本GK设计公司等众多企业。

上海交通大学设计学院对世界知识产权组织（World Intellectual Property Organization，WIPO）排名前六的创新经济体进行了研究。它们分别是：理论研究推动政府施行创新战略的英国；利用战略联盟全局推动设计产业发展的欧盟；围绕产业核心、以行业协会组织为推手的美国；公共投资推动设计影响力的日本①；通过国家计划将设计提升至国家策略层面的韩国以及高速发展、以地方园区集聚为特色的中国。

1959年，《财富》（*Fortune*）杂志启动了一个榜单，对整整一个时代的100名顶级设计师、建筑师和设计教育从业者进行了调查，阐释了20世纪中叶的设计理念。2019年，《财富》再次与印度理工学院合作，重新制作了这份榜单。《财富》的研究人员对被提名产品进行了分析，根据五个标准对产品进行了排名：产品的适应性和可扩展性、对社会或环境的影响、易用性、商业成功度，以及它是否重新定义了该类别产品的设计。结果表明，在过去的60年里，设计理念发生了明显的转变。《财富》发布的全球100个最伟大现代设计中，苹果手机居首，微信、摩拜单车上榜，工业设计的理念已经从产品研究转变为系统性设计。

---

① 张湛、李本乾：《国家设计系统提升创新竞争力的国际比较研究及其启示》，《科学管理研究》2019年第1期。

2. 代表性发展中国家的实践发展

工业设计在传统意义上一直是发达国家的强项，其中最主要的因素并不是发展中国家设计师缺乏创意，而是在一定程度上与设计师所在国家或地区所具备的经济发展层次、工业化程度及社会生态环境等息息相关。近些年，以中国为代表的发展中国家经历了工业生产的起步阶段和快速膨胀阶段，目前已成为举世瞩目的世界工厂，正处于由工业大国向工业强国转型的过程中，工业生产将从注重“量”到注重“质”。2017 年全球工业设计量排行榜中，中国的排名就已经超过了美国、日本，而亚洲的工业设计总量也占了全球的 83%。因此，发展中国家的工业设计将面临巨大的发展机遇，行业在整体实力稳步提升的同时将逐步走向整合与规范。这需要设计师们快速提升自己，不仅是设计水平的提升，还需要尽快适应进而参与到设计范式的建构中去。

（三）国内工业设计发展研究

近几年，中国的工业设计领域得益于国家发展战略及宏观政策利好，迎来了突飞猛进的发展。其中一个大的历史因素是，中国经济的发展，尤其是制造业的发展，正在改变原本的粗放型发展方式。在从“中国制造”走向“中国创造”的过程中，工业设计的角色显得越来越重要。

工业设计在中国提出于改革开放之初，经历了 20 余年的孕育和几代人的探索、促进之后，于 2006 年第一次写入《中华人民共和国国民经济和社会发展第十一个五年规划纲要》，表述为“鼓励发展专业化的工业设计”。2011 年发布的《中华人民共和国国民经济和社会发展第十二个五年规划纲要》，再次将工业设计写入其中，表述为“促进工业设计从外观设计向高端综合设计服务转变”。“十三五”以来，工业设计成为创新驱动发展的关键抓手和方法，围绕“创新、协调、绿色、开放、共享”的五大发展理念，贯彻创新驱动发展战略，推动“大众创业、万众创新”，落实供给侧结构性改革，为实现中国“走出去”方针，工业设计承担着巨大的重任。

1. 国内工业设计政策与管理

早在2007年，温家宝总理就批示“要高度重视工业设计”。2010年，由工业和信息化部等部门印发的《关于促进工业设计发展的若干指导意见》出台。这也是中国出台的首个针对工业设计产业的指导意见，从国家层面确定了工业设计的产业属性、产业结构、产业地位及产业政策，全面加速了中国工业设计产业的发展。①

（1）工业设计政策支持力度不断加强

“十三五”期间，国家持续在工业设计的政策与管理方面推动工业设计发展，在完善政策体系、搭建交流展示平台、加强公共服务方面开展了一系列工作。2010年，工业和信息化部联合教育部、科技部等部门印发了《关于促进工业设计发展的若干指导意见》，系统部署了工业设计相关工作。到了2019年10月，工业和信息化部再次牵头联合国家发展改革委、教育部、财政部等部门印发了《制造业设计能力提升专项行动计划（2019～2022年）》，从制造业设计能力提升的总体要求、发展目标、重点领域等多个方面，提出了未来4年的行动计划和措施。这是近年来政府多个部门再次针对工业设计做出的重要部署。②

基于强化市场主体培育，工业和信息化部认定了三批国家级工业设计中心。目前共有国家级工业设计中心171家，覆盖了装备制造、电子信息、消费品等多个行业和全国31个省区市，培育了一批工业设计骨干力量。工业和信息化部还于2018年印发了《国家工业设计研究院创建工作指南》，开展了首批国家工业设计研究院培育创建工作；印发了《设计扶贫三年行动计划（2018～2020年）》，先后对接贵州遵义、甘肃临夏、山西大同等12个地区，组织设计师走进扶贫点，帮扶贫困地区产业振兴、群众脱贫和乡村风貌改善。

（2）工业设计产业获得长足发展

中国相关行业组织调研数据显示，截至2018年，中国已有超过6000家

① 周济：《智能制造——“中国制造2025”的主攻方向》，《中国机械工程》2015年第17期。

② 孙虎、李薇、武月琴：《基于2009～2018年〈人民日报〉数据库的中国工业设计产业发展可视化研究》，《包装工程》2019年第24期。

制造业企业设有工业设计中心，规模以上工业设计专业公司约8000家；全国设计创意类园区突破1000家，以工业设计为主题的园区超过50家；设有设计类专业的高校有1800多所，其中800多所高校设立了工业设计专业。在规模跃居世界第一的同时，中国工业设计人员数量、专利成果、成果转化率等也在逐年提升。[①] 南方发达地区和中部省份都有长足进步，但区位、理念等差异带来了发展质量不均衡的问题。

第一，以粤港澳大湾区工业设计发展为例。粤港澳大湾区工业设计指数处于扩张区间，创新力走强，且生产扩张动力强劲。

30年来，深圳的工业设计历经萌芽与发展阶段，如今已进入快速成长阶段，并获得“设计之都”的殊荣，主要体现在以下几个方面。第一，涌现众多优秀的工业设计企业以及优秀从业者；第二，深圳市工业设计企业获得国际奖项的次数越来越多；第三，深圳市工业设计企业专利申请量持续快速增长；第四，政府规划与政策支持力度不断加强。

深圳市工业设计发展带来如下启示：一是深圳市营造了良好的工业设计发展环境；二是深圳社会组织充分发挥指导作用；三是深圳市工业设计企业充满活力、勇于创新、聚集人才。

第二，以河南省工业设计发展为例。“十三五”期间，河南省工业设计在平台建设、政产学研合作、设计扶贫等方面取得突破性进展，有效推动提质增效和产业转型升级。

面对“十四五”发展机遇期，河南省工业设计将以“高质量发展”为目标，进一步加大政策支持力度，提升整体发展水平，加强产业生态建设，推进工业设计与制造业、服务业、信息产业的深度融合发展。因此以下几方面需要持续加强：一要强化认识，实施工业设计引领工程；二要健全体系，加大工业设计人才培养引进力度；三要高度重视，科学布局工业设计平台建设发展；四要丰富活动，塑造工业设计良好氛围。

① 蒋红斌：《中国工业设计园区基础数据与发展指数研究（2016）》，清华大学出版社，2016。

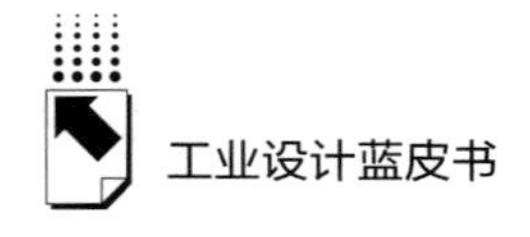

2. 国内工业设计教育与研究

20世纪80年代，中国真正意义上引入现代工业设计的理念，经过40多年的发展已有上百所高校开展工业设计课程，这表明中国的工业设计教育在数量上已经达到世界第一。但是，数量上的优势并不代表质量也是最好的，我们离发达国家的工业设计教育还存在着差距。[①] 在互联网和经济全球化快速发展的情况下，在工业时代基础上建立的工业设计学科正在向信息时代转型，因此工业设计的教育研究就显得更为重要，我们不仅要提高工业设计教育的质量，还要达到国际通行认可的质量标准。

近些年，中国在工业设计的教育和研究中主要取得如下成绩。

（1）工业设计职业资格认证体系更加完善

2019年12月30日，李克强总理主持召开中华人民共和国国务院常务会议时指出，“按照党中央、国务院部署，深化‘放管服’改革，将技能人员水平评价由政府认定改为实行社会化等级认定，接受市场和社会认可与检验”。为响应党中央、国务院号召，切实解决工业设计领域职业技能等级标准长期缺失这一人才发展痛点，2016年，中国工业设计协会率先部署工业设计人才创新能力水平认定工作。结合工业设计从业人员发展需求，在各产业领域（如海洋工程、轨道交通、航空航天、医疗器械、婴童用品、珠宝首饰、服装箱包等）以及各专业领域（如手绘设计、创意设计、交互设计、用户体验设计等）开展不同等级的创新能力水平认定工作，分为初级设计师、中级设计师、高级设计师、首席设计师、首席设计官。截至2018年，逾3000名从业人员获得“设计手绘”与“设计软件”专项能力水平认定。2019年，中国工业设计协会在全国范围内开展工业设计人才创新能力水平认定工作，进一步构建中国工业设计人才创新能力水平统计和应用体系，搭建分行业分领域的数据库。

（2）工业设计相关院校数量增加，人才队伍逐渐壮大

中国的工业设计教育产业规模不断扩大，制造业对人才的需求也不断

① 何人可：《设计之未来》，《设计》2019年第20期。

提高，但我们也要看到，近些年出现了工业设计专业的高校毕业生找不到合适的工作，而企业也招收不到满意的人才。以工业设计专业博士研究生的培养为例，英语国家与非英语国家在设计类专业博士研究生的培养方面有不同的制度，但在办学的灵活性与跨学科性，以及为社会提供终身教育的目标设置等方面具有相似性，且培养模式多样化。中国设计类专业博士研究生的培养仍以理论为主，缺少实践。在当前形势下，设计类专业博士学位的设立、发展模式需要在保证培养质量的前提下多样化，学校应根据学科平台与学科发展的不同情况，选择适宜的设计类专业博士学位培养模式。这种现象正如柳冠中教授所说的："设计教育与产业处于严重失衡状态，造成中国设计业的两端大、中间小的模式，即设计教育加强与设计需求增加，专业化的设计队伍与合格的设计人才却相当缺乏。这是一个奇怪的现象，一方面设计人才被大批量、快速的生产着，另一方面巨大的设计需求却不能得到满足。"①

3. 国内工业设计应用与实践

党的十八大以来，中国创新驱动发展战略大力实施，创新型国家建设成果丰硕，天宫、蛟龙、航母、天眼、悟空、墨子、大飞机等重大科技成果相继问世。中国工业设计迎来高速发展，2015 年 12 月 17 日，中国工业设计协会"设计知识产权交易中心"成立。② 随着新一轮科技革命和产业变革孕育兴起，信息网络、大数据、智能制造等高新技术广泛渗透到创作、生产、传播、消费的各个层面和环节，加速了文化生产方式变革，成为文化发展的重要引擎和不竭动力。工业设计成为经济增长和推进国家创新驱动发展战略的重要手段，国内许多产品荣获知名设计奖项，创造了巨大价值。中国工业设计产业正积极借鉴国外先进经验，以"互联网 +"为契机，在物联网、人工智能、现代智能装备等新兴设计领域实现突破，找出适合中国发展的模式，实现中国设计创意产业的腾飞。

---

① 柳冠中：《设计方法论》，高等教育出版社，2011。

② 张杰：《奏响科技强国的时代强音》，人民论坛网，2017 年 10 月 28 日，http：//www.rmlt.com.cn/2017/1028/501383.shtml。

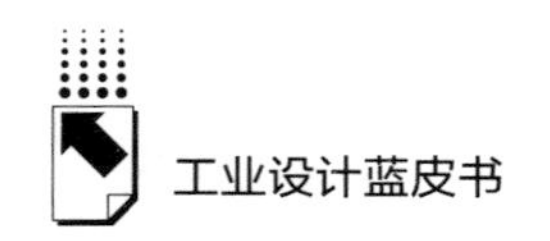

2017 年 4 月 26 日，为贯彻落实《文化部“十三五”时期文化发展改革规划》，强化顶层部署，构建文化科技创新体系，切实推动科技创新引领文化发展，文化部编制了《文化部“十三五”时期文化科技创新规划》。一批具有国际影响的设计活动、奖项、著作不断涌现，如深圳文博会是目前中国唯一一个国家级、国际化、综合性的文化产业博览交易会；世界工业设计大会（良渚）是中国政府举办的设计国际盛会；中国光华奖、中国创新设计红星奖、“中国好设计”奖评选定期举办；王晓红、于炜、张立群主编的《中国工业设计发展报告》《中国创新设计发展报告》把握国际国内工业设计发展趋势和动态、评估工业设计区域发展成效、分享企业设计创新经验。上述举措对推动工业设计发展具有重要意义。此外，设计行业蓬勃发展，如木马设计公司、洛可可设计公司等机构充满活力，最大的设计师网络平台“烩设计”、中国工业设计博物馆等影响力与日俱增。

以 2009 ~2018 年《人民日报》刊登的有关工业设计产业发展的 294 篇报道为研究对象，通过对其进行分析可以发现，目前中国工业设计产业的发展主要涉及工业设计与地区建设、设计创新与创业、知名企业与设计公司、设计展览与论坛、文化教育、政策报告、设计观点及趋势、设计比赛奖项、技术趋势、国际合作十项内容。① 结合内容关键词出现的频次与时间发现，工业设计产业政策从 2010 年的密集出台逐步转换成实施落地，工业设计发展较快的省份开始体会到工业设计在制造类产业调整的关键时期发挥了重要的支撑作用，甚至部分省、市、产业园区开始得到工业设计助力制造业发展的转型回报。按照趋势，中国工业设计产业将逐步从自发性发展过渡到自觉性发展。

4. 国内工业设计发展战略观念转变

2020 年 10 月 29 日，《中国共产党第十九届中央委员会第五次全体会议公报》公布。在这份擘画未来 5 年乃至 15 年新发展蓝图的重要文件中，

① 孙虎、李薇、武月琴：《基于 2009 ~2018 年〈人民日报〉数据库的中国工业设计产业发展可视化研究》，《包装工程》2019 年第 24 期。

“创新”一词共出现 15 次，“坚持创新在我国现代化建设全局中的核心地位”的新表述更是引人注目。

从产品到品牌的观念转型、自主品牌从量变到质变的转变，是中国工业设计发展过程中的跨越式提升。中国制造的产品溢价力低，其制约在于品牌的影响力低。全球化造就了品牌经济时代。品牌既是企业的标志和根基，又是企业出奇制胜、抢占市场的强大武器。从狭义的碎片式设计到广义的整合创新设计的观念转变，发挥系统性创新思维，将科学、技术、文化、艺术、社会、经济融合在设计之中，设计出具有新颖性、创造性和实用性的新产品。两院院士路甬祥从设计进化理论的宏大视野指出，创新设计在第三次工业革命浪潮中，必然会引领以网络化、智能化和绿色低碳可持续发展为特征的文明走向。中国设计需增强创新设计意识、提升创新设计能力，加快引领促进实现向中国创造转变，从更新理念、优化环境、强化基础、改革教育、培育文化等多方面入手加强中国创新设计，通过创新设计引领中国创造和转型发展。①

二　2020年中国工业设计的发展现状及大变局时代工业设计的发展特点

2020 年初一场突如其来的新冠肺炎疫情的肆虐，加快了技术变革下的百年未有之大变局的演进，同时也深深影响了工业设计的理论与实践。这期间，生命与健康成为核心关键词，以人民为中心或以人为本成为举国上下的行动准则。国内外设计师们本着“以人为本”的原则，纷纷在防疫攻坚战中贡献出自己的创意成果。与此同时，疫情之下也暴露出不少的问题，设计在灾难面前突然显得相当软弱无力甚至无用。如学校、医院、商场等大型公共场所及飞机、高铁、汽车等公共交通工具因缺乏应急防护的设计思考，成为疫情传播的危险之地；再如防护服的人机工程学问题及可

① 路甬祥、孙守迁、张克俊：《创新设计发展战略研究》，《机械设计》2019 年第 2 期。

识别设计，从剪裁尺度到用户体验，再到实际功效都有不少值得反思和改进的地方；还有如专业布局、学科建设、人才培养体制机制等方面也都亟待深思调整。

新冠肺炎疫情下工业设计使命的提升主要体现在应急赈灾的医疗产品设计和直面问题破解的社会创新设计两个方面。后疫情时代必将浮现出一个未知的、崭新的国际环境，面对“新世界”，设计需要进行整体性、全方位的反思，而非仅仅局限于局部和技术层面。后疫情时代的创新设计，需要努力在危机中育新机、于变局中开新局，加强对设计的反思，深刻体悟人类命运共同体的意义和内涵，创新设计思维，让更多好设计进入社会生活。

（一）疫情期间中国工业设计的发展现状和问题

新冠肺炎疫情来势汹汹，为了阻止疫情的扩散，不少人没来得及过春节就投入抗疫第一线。除了人力以外，设计与科技也在积极参与这场抗疫战。不论是火神山医院、雷神山医院的拔地而起，还是“无人机喊你戴口罩”，这其中都离不开工业设计的助力。疫情中暴露出生态类、医疗类、康养类、应急类、智能类等产品设计的薄弱，造成灾难面前产品不足、设计不好、用户不满意等问题。

说到医疗类相关设计，总会让人觉得是一项冷门科目，与我们的生活相距很远。其实医疗设备作为关系到人类生命健康的新兴产业，融入了现代科学技术的成就，既是典型的高科技产业，也是高新技术得以迅速体现的产业。随着人民生活水平的明显提高及健康意识的增强，医疗设备产品需求逐渐增大，核心技术将越来越先进，产品质量和性能会不断提升，功能会更加多样化。

应急类设计如应急建筑，成为应急预案中尤为重要的一环，它解决的是在灾后的条件下人们对居住空间方面的基本需求，以及特殊时期背景下人们的情感需求。如非必要，没有人会主动期待一座“应急建筑”的诞生。“应急建筑”的本质是建筑的一种极端形式，被描述为“在生存边缘的建筑”。

在设计中，除了考虑其应急性、实用性、经济成本等因素外，越来越多的应急建筑也在现代科技、现代美学的基础上，从材质的采用、美观的角度等方面思考其对灾后人群的居住环境和心灵健康的影响。

疫情的出现对每个人的生活都产生了影响，城市需要提升更好的医疗水平，消费者会更加重视提供安全体验和个人健康的品牌，拥有专业技术的产品更受青睐。我们需要努力通过工业设计来帮助身患疾病的人，一部分是可以事半功倍的高科技产品，另一部分是有爱有趣、充满同理心和包容性的产品。但无论是哪类设计，都是为了加快患者病情的康复时间，或是为医生提供更高效的工作方式而努力。

当然，疫情期间我们也看到，全国工业设计行业携起手来，以工业设计的创造力与引领力，为防疫抗疫和助力企业复工复产做出积极努力，帮助中小企业在疫情期间通过工业设计在产品研发、经营管理、品牌塑造与提升、数字化流程改造等方面找到了创新路径和转型机遇。上海交通大学设计学院与上海交通大学医学院附属第九人民医院每年暑假举办医疗服务设计工作坊；工业和信息化部日前发文组织开展“企业微课”线上培训工作，搭建线上培训平台，在疫情期间免费开放培训资源，通过录播和直播的方式，为中小企业送政策、送技术、送管理。疫情之后，工业设计行业势必会及时弥补疫情中暴露的问题。

（二）大变局时代工业设计的发展特点

在第四次工业革命、中美贸易摩擦的背景下，加上 2020 年新冠肺炎疫情造成的逆全球化导致了全球化放缓，人类处于百年未有之大变局。国内工业设计的发展呈现从实体经济到虚拟经济，再到实体经济的过程。2020 年，国内外工业设计的发展有以下特点。

1. 大变局时代带来工业设计的功能新生

在百年未有之大变局下，创新成为国际竞争和国家发展的核心，工业设计将有更大作用，势必成为国力竞争的利器。随着第四次工业革命的加速发展，数字化、智能化、生物智能将促使设计不断迭代，社会设计、“大众创

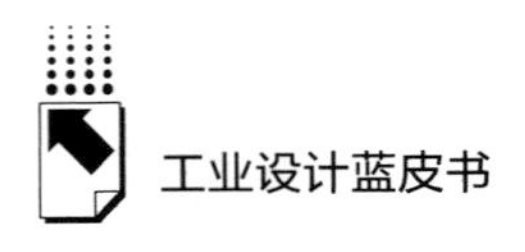

业、万众创新”、双层多元论（微观层面的个性需求、宏观层面的不同国家需求）等理念也为工业设计的功能带来了新生。

2. 设计迭代发展带来工业设计的理念更新

设计将基于技术革命而不断前进，从生命科学、生物工程、人工智能发展及交互革命等角度看，超人时代莅临，人元生物技术与超智能机器人合体。同时，设计也随着历史发展机制而改变，产业商业化、设计社会化、社会人文化、人文产业化等具有生态演化与文明进化意义的设计不断迭代。低欲望社会的设计、文化形态演化论和社会伦理道德的与时俱进都会对工业设计的理念产生影响。

3. 设计领域大跨界

随着工业设计边界的不断延伸和各学科的交叉，工业设计领域进入全域整合设计时代，系统设计成为主流，如健康设计（康养医疗、分餐自助、劳防用品等）与生态设计（文旅康养、室内环境、居室空调等）等不同领域的工业设计内容会不断产生跨界融合。

4. 设计人才大融合

工业设计研究与实践的跨界将促使原先不同领域的研究者实现交流与学习，原先的产品设计从业者可能也需要参与互联网与服务设计的工作，从而实现设计人才的融合，激发出更多的创新。

5. 设计教育大整合

在众多创新人才培养理论中，“T 型”人才是其中最具影响力的。所谓“T 型”人才，是指能够结合以专业能力为主的垂直能力，也就是我们常说的职业能力，以及以整合为主的水平能力，在面对不同问题、在不同情境下选择性应用设计知识的人才。除了“T 型”人才外，我们更需要对工业设计教育进行整合，加强人文、艺术、工科等各方面知识的融会贯通，要培养宏观的格局，以及培养尽社会责任的“米”字型人才。“米”字型人才不仅具有专长、通识、观念、创意等，还懂得灵活运用与发挥，更具人文素养。

6. 设计伦理大思考

疫情与其他社会问题的突出，让设计伦理的研究有了前所未有的意义。如何才能在创造人类美好生活的过程中，不能让良心和人性泯灭，不能让生态受辱。设计需要与伦理纲常共同进步，设计从业者要对未来人机融合等新形式中的设计伦理进行思考。

7. 设计文化大革新

文化文明，形为“文化”，而上是“文明”，文化是建材（砖瓦及装饰），文明是气场（建筑物），设计既是文化的一部分，又受到文明程度、文化现象的影响。特别是在这个人工智能、大数据、精准营销、精准传播的时代，需要更多地探寻设计的人类文化学、历史演化学、生态社会构成学属性及人类行为特征，来实现进一步的设计文化革新。

8. 设计交流全球化

虽然疫情影响了全球化的进程，但覆盖全球的互联网仍然使我们的交流空间被无限地扩大。任何人都可以通过网络进行交流、参与设计、分享成果。尽管网络只是一个虚拟空间，但却提供了创造无限的可能性。全球化让我们实现了从手工时代的静态看世界，到机器时代的动态看世界，再到电脑时代以虚拟的方式认识世界，网络将世界缩小为地球村，它正在使我们的工业设计经由网络工具从社会信息化的思维方式过渡到没有中心与边缘之分的全球化思维方式。

三　中国工业设计发展展望

虽然 2020 年的这场疫情对经济、社会造成了严重影响，但我们相信工业设计可以在后疫情时代化危为机，在创新驱动发展、双循环、实体经济与数字经济等一系列国家战略中发挥重要作用。

其中最值得我们关注的是两点。一是实体经济的重要回归。早在 2008 年，金融危机给美国乃至全球带来巨大的冲击，全球重新认识到了实体经济的重要性。党的十八大以来，习近平总书记高度重视金融工作，就做好中国

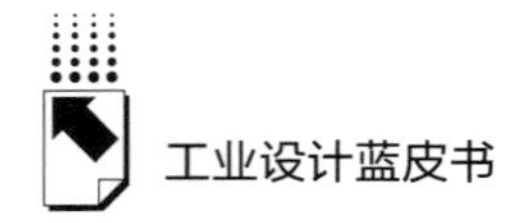

金融工作做出了一系列重要论述，如关于金融与实体经济的关系，强调金融是实体经济的血脉，为实体经济服务是金融的天职和宗旨，必须引导金融回归服务实体经济的本源等。[①] 疫情造成了社会经济活动的大规模暂停，对全球实体经济造成了重大打击，也对引导资金脱虚向实、实体经济走深走实提高了要求。后疫情时代，尤其是 2020 年中国共产党第十九届中央委员会第五次全体会议提出坚持把发展经济着力点放在实体经济上，如何运用大数据对金融转型升级，通过工业设计与创新减轻疫情给中国实体经济带来的负面影响，成为“十四五”期间影响中国工业设计发展的重要考量。

二是中国共产党第十九届中央委员会第五次全体会议确立了创新在全面发展进程中的核心地位。中国特色社会主义进入新时代后，工业设计的方向将有所变化，如产品设计会先硬后软。现在已经不缺产品，缺的是高质量的产品，以及缺少如何把合适的产品与服务送到合适的人的手中的渠道。产品设计不仅是服务设计，更是社会创新设计，是基于为人民服务、为社会分忧、为大自然和解的工业设计。而工业设计在满足人民日常生活需求的前提下，设计服务对象更加多元化，更加向三极聚焦（国家战略顶层需求、社会个性化订制服务需求、社会底层弱势群体需求），创新成为工业设计的核心。以下为本报告对未来工业设计发展的判断和展望。

（一）宏观层面：设计动态发展的“合”字

1. 人文融合——东西方文化融合下的文明互鉴

富有神韵柔和主观感性的东方文化（如中国绘画）与强调力量硬朗客观理性的西方文化，如同中国传统文化或中国哲学本源之太极图，是人类文化生命体的阴阳两面，共同构成了两个可以和谐互补、交融互动的太极图，成为推动未来人类命运共同体持续进步、和谐共生的双核强力引擎或聚变动力源泉。

山溪旁的峭壁延伸而出的流水吸收东西方文化之精华，临于溪上，隐于

---

① 吴应宁：《习近平金融思想的核心要义》，《党的文献》2018 年第 1 期。

林中，使得建筑与自然和谐共生。东方土家族吊脚楼依山就势竖柱立屋，以其对侧重于形式美的自然美法则的追求，将“天人合一”理念完美融于建筑之中。东方绘画艺术中讲究“气”的贯通，强调笔端意不断的视觉感知，而西方的格式塔完型原理则提出各部分的有机组成即形态知觉的“整体”，从侧面科学地回答了笔断意连、留白意境的视觉感知问题。

文化的多样性构成了如今世界的多彩与绚烂，未来的设计发展，更会是给每一种文化以平等的话语权，文明互鉴，各美其美，美美与共，天下大同。

2. 科艺融合与艺商融合

创新设计是科技与艺术间的桥梁，也是两个领域之间的重要边界语境，它沟通与协调着科技与艺术的关系，推动其互动共生。

如今科艺融合成为行业发展的主动力，网络直播与电商、教育等领域深度融合，为国民经济全面赋能；短视频逐渐由娱乐向新闻、广告、教育等应用场景渗透，成为互联网底层应用；“一机游”将全域旅游数字化，实现智能文旅平台遍地开花的繁荣景象。同时，随着科艺融合的发展，艺商融合的进度也飞速提升，艺术金融备受关注，“艺术品商品化、资产化、金融化、证券化（大众化）”成为主要发展新趋势。艺术品鉴证备案、智能投顾等与大数据、云服务等技术融合，使得艺术金融的创新发展有更多新的方向。

当下创意产业正经历融合发展的转型期，艺术与科技、金融的融合，延伸了产业链，创造了众多新型产业领域，也壮大了创意产业的规模。创新设计在未来依旧会向科艺深度融合的发展方向继续前进。

3. 业态呈现跨界融合

随着产业发展的不断进化，创新设计实现了由以实体产品为核心到以信息设计为核心的过渡，进而逐渐向以服务设计为核心的方向转化，勾勒出全新的业态框架，设计的边界由清晰化走向融合化，专业交叉、跨界融合、协同创新成为新趋势。从森林康养、文化旅游产业到乡村振兴、设计扶贫，无不体现着产业的跨界融合，中国的创意产业进入融合发展的转型期。

4. “天人合一”的创新设计

绿色设计、可持续设计、生态设计是这个时代的召唤，创新设计是实现人与自然和谐共生的关键一环。在后疫情时代，我们更加反思人与自然的关系，更深层地探索生命生活的意义，推动创新设计对生命安全与生态文明的关联嫁接，并逐渐映射出道法自然、“天人合一”的文化内涵。后疫情时代，人们对自然更怀有一颗敬畏之心，对生命要义有了更深层次的追求与认识，以森林康养、绿色抗疫等为代表的生态文明和生命安全融合思维成为新展望。

（二）中观层面：设计逻辑原理的“转”字

传统工业时代，工业设计起源于同时也牢牢依附于机械生产，设计服务于工业制造，此时的工业设计局限于机械逻辑层面，孤立静止地关注实体产品的造型、结构、功能、材料及加工工艺等物理层级。互联网发展推动信息时代的到来，一时间信息消费成为主流，工业设计出现了由机械逻辑向交互逻辑的转变，用户研究、交互逻辑及其框架、交互前端视觉设计及后端开发成为设计从业者需要考虑的因素，设计走向了“软硬结合”。如今我们正处于智能时代，5G、大数据、人工智能、云计算、区块链等技术不断介入并深深影响着设计的发展，设计向智能逻辑下的服务化、系统化、多元化转变。

我们正处于一个承上启下的时代，人类社会发展、科学技术变革并不会止步于此。近日，马斯克展示了脑机接口设备植入猪脑技术，实现了生物的机械电子化，预示着设计向着体内交互、人机融合方向的生物逻辑层面转化，这也为未来的生物工程时代的到来埋下伏笔。设计逻辑原理的转变是设计观念的良性进化与健康发展。随着设计观念的不断进化以及设计内涵的不断深入扩展，创新设计、科学技术与人文文化间的边缘将愈加模糊化，未来必将是人、产品、自然三者之间的和谐共生，即所谓“天人合一”的“道”的思想传统，这也是社会伦理层面的逻辑设计。源于机械，终于社会伦理，工业设计正呈现一种螺旋上升的趋势，形成未来设计系统的逻辑闭环，这也要求各种层面的命运共同体增强责任意识。

（三）微观层面：具体产品设计上的“生”字

在生命健康设计领域，设计正以积极的姿态介入其中。如负压救护车设计，其将车内与车外做到完全“隔离”，成为应对新冠肺炎疫情等突发性传染病下用于病人运输的特型救护车；又如 AI 多人体温检测设计以及无人机高精度红外测温设计，均是无接触式的体温检测；再如华为公司为火神山医院捐赠的远程医疗平台，利用远程诊疗、远程探视、远程会议、病例收集、定向推送等五大功能将北京、上海的优质医疗专家与疫区相连，进一步提高病例诊断、救治的效率；还有阿里达摩院 AI 算法，缩短医疗分析流程，为疫情的防控、治疗提供更多依据。设计完美结合了当下新技术，针对生命健康提供创新解决方案，应对危机，引领变革。

生态设计，无论是基于全球趋势还是国家政策，都已经箭在弦上，国内外设计师通过微小而善意的设计，让循环、生态不单停留于口号。国际上，生态材料的开发与运用近年来得到重视，如芬兰乳制品制造商开发的生物复合材料盖子，结合塑料的可模塑性以及木材的强度和可持续性，可减少高达 80% 的二氧化碳排放量；危地马拉的一位设计师创造了具有纸质特性的细菌纤维素薄片，干燥的细菌纤维素材料可以与水黏合在一起而省略胶水或其他黏合剂，为个人护理产品中使用的塑料包装找到了适合的可持续替代品。工业设计聚焦到微观层面，呈现的是新生命、新生态、新生活。后疫情时代，生命、生活、生产将会进入新纪元，产品设计将得到积极体现。

（四）整体层面：文化与科技将继续对设计产生影响

1. 文化自信与文化素质在设计领域得到进一步提升

中华文化中“仁爱”心性或精神、情感、道德上的“和合”等种种软性构成必将成为中华民族发展的深层动力和贡献人类社会的核心要义。通过中华文化的传承与发展加强中国设计师和工艺美术工作者的底蕴与功力。作为承载中华民族造物智慧的工艺美术，其造型语言、工艺技法、民俗内涵等文脉要义未来必将成为中国设计走向国际的不竭源泉。中国设计将从对物象的功能定位设计，升华到为人为事的服务设计。从物质设计到非物质设计的转变，人们共享全球越来越多的设计资源，国际间同步进行的“互联网+”设计也将成为趋势，中国设计在全球视域下的共用共享将继续深入地为人类命运共同体做出新贡献。例如，“一带一路”是迄今为止中国为世界提供的最重要的共享产品或伟大设计工程。开放包容、合作共赢是“一带一路”倡议的核心理念，中国的设计必须融入世界文化的大潮中，追求国际视野的设计语义。

2. 以人为本到“天人合一”的专业跨界融合得到进一步加强

以人为本的设计服务理念继续深入，设计中要深度体现人文主义关怀是设计师的责任和义务。伴随新兴科技发展起来的设计科学在满足人们物质生活需求的同时，对人性的深层尊重和人类可持续生存发展的理性关爱必将成为未来设计学发展的基本选择。同时，随着全球一体化推进，环境、生态、资源等一系列全球化问题日益严重，因此以环境保护为核心概念的生态设计、“天人合一”的绿色设计正成为中国设计发展的主流。与此同时，微观上的专业融合与产业链接也会更加紧密。不同学科的跨界融合是设计创意领域发展的主要趋势。未来，设计必将打破“专业”观念的局限。

3. 科技进步对设计的影响进一步加剧

科技进步导致设计不再是单纯的艺术，它涉及相关信息科技工具的综合运用。随着设计数码化趋势的进一步加强，每个环节必然会向更精更专的方向发展，行业划分将进一步细化。设计公司由大而全向小而精发展。作为艺术与科学、物质与精神、人与环境的和谐之纽带的设计学科已形成自身特点，其下属二级学科各自发展迅速又高度跨界融合。设计行业的横向跨界整合与设计技术的纵向细分综合已经成为趋势。如现代标志设计不能仅是简洁、美观、静态、易识别，也要考虑其多种形态的可塑性、系统性和能动性，满足信息时代多维空间的动态应用，适用于多种现代科技交互媒介应用的需求。

4. 中国工业设计的内涵外延随着时代发展而不断完善

改革开放40余年来，中国工业设计的内涵外延随着时代发展不断完善，

并不断演绎着时代赋予的角色价值。在中国特色社会主义进入新时代后，中国社会的主要矛盾已经转化为人民日益增长的美好生活需要和不平衡不充分的发展之间的矛盾。这个矛盾将贯穿于社会生活的方方面面，中国设计工作者必将担当更加重要的使命。

综上所述，用8个“新”展望未来阶段中国工业设计总体趋势。①

未来，中国工业设计将主要聚焦在三个重点领域发展。

第一，在设计管理领域，设计管理将持续赋予工业设计新的价值与活力。

设计管理方法开始从微观项目管理方法向宏观整合设计资源管理方法进一步拓展，系统性创新设计思维成为设计管理的重要内容，设计思维也带动和充实了设计管理方法的发展。对设计资源的管理已经从关注组织内部资源的管理转变为关注组织内部和外部的分布式设计资源的管理。设计管理推动了用户体验研究、参与式设计过程、新的价值链管理的形成与发展，如区块链的应用等。设计活动呈现从产品设计向交互与系统设计的整合演化，并已经引发设计管理研究焦点的变化。设计管理成为提升工业设计价值与品质的重要手段。

第二，在设计服务领域，中国服务设计将走向创新转型。

首先是设计方法的策略导向转型：社会及科技快速发展所带来的问题变得越发复杂，面对复杂的问题，人们需要不断地提供新的解决方案。随着时代发展，多方协作变得越发重要，并且充分体现设计思维在资源整合方面的重要性。

其次是服务范式的转变和实践创新：人们更愿意在满足产品基本功能的前提下，追求更高层次的情感体验。将解决问题的方案落地化，更多的是依靠一套完整的服务流程或者服务系统，而非单一产品。企业可以通过工业设

① 具体为：新时代新政策带来中国工业设计发展新动能、新技术新场景带来中国工业设计发展新模式、新产业带来中国工业设计发展新天地、新世界带来中国工业设计发展新挑战、新文化带来中国工业设计新使命、新发展带来中国工业设计人才新建设、新环境带来中国工业设计发展新思考、新需求带来设计学科交叉发展新融合。

计，在以用户为中心的前提下，将产品或服务进行实践或落地。具体体现在与万物共创、组织变革、服务设计道德规范、服务设计管理、多方法论整合等方面。

第三，新技术新场景对工业设计整合创新产生深远影响。

首先，一是体现在科学技术与艺术设计、人文社会与艺术设计等学科上的交叉融合，尤其是产业数字化和数字产业化对中国工业设计未来发展影响深远。二是体现在产、教、军、民、商应用上的融合以及多元私人定制设计与共享服务设计的融合并存，等等。

其次，纵观国内外的工业设计发展，工业设计的根本目的是提高人民生活质量。党的十九大开启了中国现代化建设的新时代，新时代须紧扣以满足广大人民群众美好生活服务为根本，平衡充分地实现个性发展与共性需求。工业设计处于制造业产业链的关键环节，大力发展工业设计对于提升产业基础能力、推进消费升级和深化供给侧结构性改革具有重要作用。

最后，中国工业设计从最初以解决人民温饱问题和为国出口创汇等为根本，发展到如今以为充分平衡和全面提高人民美好生活需求和幸福指数为使命，正在健康、平稳、快速地发展，并以其知识密集型、高附加值、高整合性的优势，成为中国文化创意产业的重要构成。未来，中国要更加努力把设计资源用于提升制造业基础能力和创新能力上，强化工业设计对产业升级的引领作用；要继续做好国家级工业设计中心培育认定工作，培育壮大工业设计主体；要继续加快国家和省级工业设计研究院建设，健全工业设计公共服务体系；要不断提升中国工业设计的发展水平，使工业设计成为中国社会经济转型发展的强力引擎，成为新时代中华民族走向伟大复兴实现中国梦的重要支撑；要继续深化国际合作，推动工业设计国际合作不断取得新的成果，为人类命运共同体的美好明天做出新贡献！

行 业 篇

Industry Reports

B.2
中国交通工具设计发展现状及趋势（2021）

支锦亦　陈洪涛*

摘　要：　交通工具是人们出行的重要载体，是现代社会必不可少的组成部分。交通工具设计是技术和艺术的整合，同时也是现代设计发展水平的重要体现。本文对近年来国内自主研发的陆地、空中、水上等应用领域中的典型交通工具的设计现状及发展趋势进行了梳理，主要运用文献研究与案例分析的方法，总结了交通工具智能化、人文化和多元化的发展趋势，从工业设计的视角为交通工具设计的相关从业人员提供了研究参考。

关键词：　交通工具　工业设计　乘用车　智能化

* 支锦亦，博士，西南交通大学建筑与设计学院副院长、教授，研究方向为轨道交通装备设计与人因工程；陈洪涛，博士，四川工程职业技术学院教授，研究方向为工业设计、人因设计与评价。

引　言

交通工具作为人们“衣食住行”中必不可少的重要载体，其设计品质直接影响了国民的生活质量。作为工业设计重要的组成部分，交通工具设计正面临着巨大的机遇和挑战。交通工具设计面向民众出行需求，主要涉及交通工具的外观和内饰两方面，其中外观设计包括头型、整体造型、涂装等，内饰设计包括座椅、扶握设备、照明和内装（CMF）等。除了功能和造型设计之外，与出行活动相关的行为规划和服务设计也可作为交通工具设计的范畴。按照使用的环境，交通工具可划分为航运、陆运和水运三种类型。本文选取三种类型中典型的交通工具，从工业设计的视角对其设计的发展现状及趋势进行梳理。

一　交通工具设计现状

（一）民用客机设计

中国民用航空发展规划采用“三步走”战略，即支线客机、干线客机和远程宽体客机。其中，ARJ21 新支线飞机是中国首次按照国际民航规章自行研制、具有自主知识产权的中短程新型涡扇支线客机，有 78 ~90 个座位，航程为 2225 ~3700 公里。ARJ21 新支线飞机已投入航线运营，其中 ARJ21 -700B 是第一架基于 ARJ21 -700 基本型改装的公务机。[①] C919 干线客机处于适航取证阶段。[②] 远程宽体客机 CR929 是中俄联合研制的双通道民用飞机，采用双通道客舱布局，基本型命名为 CR929 -600，航程为 12000 公里，有 280 个座位。此外，还有缩短型和加长型，分别命名为 CR929 -500 和

---

① 中国商用飞机有限责任公司，http：//www. comac. cc/cpyzr/ARJ21/。

② 中国商用飞机有限责任公司，http：//www. comac. cc/cpyzr/ARJ21/。

CR929 - 700，目前处于研发阶段。[①]

1. 民用客机外部涂装设计

民用客机设计主要包括外部涂装和客舱内饰两部分。客机外部涂装应创造良好的视觉体验，并作为提升辨识度和知名度的传播载体，通常用于展示企业文化、地域文化和时代焦点等。目前，民用客机的设计主要在于外部涂装设计。飞机涂装是航空公司的一种标志，反映航空公司视觉识别系统（Visual Identity System，简称 VIS）特色。航空公司的涂装通常分为两种：简单涂装和彩喷涂装。简单涂装即在色带或色块的一般喷涂基础上在尾翼喷涂航空公司名称，在机身喷涂国旗、航空公司名称以及适航规章上要求的机号等标准内容。彩喷涂装是除了简单涂装外，以某个主题为特征而特别设计的涂装。虽然彩喷涂装成为潮流，但飞机涂装主流依然是具有公司 VIS 特色的简单涂装。目前运营的国产 ARJ21 - 700 客机的涂装延续了航空公司的 VIS 特色，采用简单涂装。国内第一架 ARJ21 - 700B 公务机采用“云腾海跃”蓝色水波纹涂装，主要用于展示其订购方“萃海成盐，创富为商”的企业精神和文化。

2. 民用客机客舱内饰设计

客舱内饰主要包括客舱空间、座椅系统和厨厕系统等，客舱内饰设计的目的是确保客机的操作功能符合人机工程学以及相关标准的要求，并为乘客创造良好的乘坐体验。客舱内饰是航空公司品牌形象和文化价值的表达方式之一，而客舱内饰设计是飞机制造商提升客舱品质和市场竞争力的有效手段。中国航空集团有限公司对于进口机型的内饰设计注重选型，缺乏深入的设计参与。中国商用飞机有限责任公司成立了专门的工业设计团队对国产客机进行客舱内饰设计，其中新型远程宽体客机头等舱设计方案及新型支线客机内饰设计方案获得“红点设计大奖—设计概念奖”，是国产民用客机客舱内饰设计方案首次获得国际设计大奖，也是民用客机客舱内饰设计的一大突破。ARJ21 - 700 作为首款自主知识产权喷气支线客机，在乘坐空间、美学设

① 中国商用飞机有限责任公司，http：//www. comac. cc/cpyzr/ARJ21/。

计等方面相当于或优于某些干线客机。ARJ21－700B 公务机是基于 ARJ21－700 基本型的改装机型，面向高端市场提供个性化定制，是国产民用客机内饰设计的代表作。该公务机比同级机型具有更宽敞的客舱空间，满足 12～29 个座位的灵活布局，采用可倾斜、330 度旋转的 21 英寸座椅，客舱配备 VIP 卧室、休息区、会议区、会客区和就餐区等相对独立的功能空间。同时，客舱还搭配情景照明系统，为不同使用场景提供不同的照明模式，烘托不同的氛围。客舱内配置以娱乐和办公为核心，是客舱照明和外部通信的高度集成化、电子化和自动化的综合显示及控制的全新电子系统，并配备了交互式高清影音媒体终端用于娱乐和办公，同时增配了海事卫星通信系统实现公务机空地互联。65 分贝的客舱噪音抑制设计为乘客提供了安静的体验。作为国产机型，ARJ21－700 客机设计引入了服务设计理念，为个性化改装设计、运营支持和维护保障等方面提供全生命周期的便捷快速服务。但是相对于国外先进的民用客机设计水平，中国民用客机工业设计基础薄弱，缺乏设计依据和标准，配套技术、理念、体系均不成熟，中国民用客机客舱内饰设计仍处于初步阶段。①

（二）轨道列车设计

轨道列车包括动车组列车、城际列车、地铁、轻轨和有轨电车等。其中，中国国家铁路集团有限公司（简称“国铁集团”）牵头组织研制的复兴号动车组列车，是目前世界上运营时速最快的高速列车。目前，由中车青岛四方机车车辆股份有限公司承担研制的高速磁浮试验样车成功试跑，将成为中国高速交通的重要补充。②

轨道列车外观工业设计主要包含列车的头型和涂装设计。③ 列车头型设

① 任和、徐庆宏等编著《民用飞机工业设计的理论与实践》，上海交通大学出版社，2017。

② 《时速 600 公里高速磁浮试验样车成功试跑》，中车青岛四方机车车辆股份有限公司，2020 年 6 月 24 日，http://www.crrcgc.cc/sfgf/g7217/s4940/t312578.aspx。

③ 何思俊、支锦亦、向泽锐等：《我国地铁列车工业设计研究进展》，《机械设计》2019 年第 6 期。

计需要综合考虑空气动力学、车内设备所占的空间和加工工艺的难易等因素，优秀的列车头型设计可以有效地减小列车运行中的空气阻力和会车压力波。[①] 列车头型一般可以分为钝体形、椭球形、梭形和扁宽形四种典型形式。从地铁到动车组列车其头型逐渐向流线型变化，其长细比逐渐增大。[②]

在外观设计方面，复兴号动车组列车达到了“圆润光滑、线条流畅、形态饱满”的特征。在涂装设计方面，复兴号动车组列车采用系列化涂装设计，用车体主色和色带搭配来表达不同的速度等级。2018 年 12 月 24 日，国铁集团公布了多款中国标准的“复兴号”系列新涂装，其中时速 250 公里的复兴号动车组列车外表主要呈现海空蓝色；时速 160 公里的复兴号动车组列车以国槐绿为底色，车身呈现稳重明亮的黄色。从图 1 的车体图案来看，CR400AF 列车头型呈现红色图形，喻义腾飞的巨龙。CR400BF 列车头型呈现金色图案，好似舞动的凤凰。总体而言，复兴号动车组列车呈现鲜明的中国特色。京张高铁的智能列车是 2022 年北京冬奥会期间连接“北京 - 张家口”的重要交通保障，该车型以中国自主研发设计的复兴号 CR400BF 型电力动车组为基础，运用了国际领先的智能技术，能够实现时速 350 公里的自动驾驶。外部涂装分别为“龙凤呈祥”和“瑞雪迎春”，其中“瑞雪迎春”以雪花图形结合蓝色渐变配银白底色来突出冬奥会的冰雪主题，传达了大众的美好期待。

在内饰设计方面，复兴号动车组列车充分体现了人性化设计理念，在乘车空间、空调系统、行李架设置、车厢照明和无障碍设施等方面做了改善。车内设有婴儿护理台、洗面池、坐便式卫生间、蹲便式卫生间以及残疾人卫生间。列车车厢内一等座座椅间距统一加大到 1160mm，二等座座椅间距统一加大到 1020mm。一等座座椅采用“2 + 2”的布局方式；二等座座椅采用“2 + 3”的布局方式，座椅椅背均可调节。每排座位下都配有插座和 USB 插口并提供 Wi-Fi 信号。座位号标识采取液晶屏幕，更加美观、清晰且易于辨

① 向泽锐、徐伯初、支锦亦：《中国高速列车工业设计研究综述与展望》，《铁道学报》2013 年第 12 期。

② 李芳、康洪军、董石羽等：《高速列车头型设计方法研究》，《机械设计》2016 年第 8 期。

图1　复兴号动车组列车（CR400AF）

资料来源：上观新闻网，https：//www. jfdaily. com/news/detail？id＝105169。

识。厕所改为一个坐式、一个蹲式。洗漱设备设置了无障碍设施，方便特殊群体使用。当列车以350公里时速运行时，车厢里的噪音最小只有65分贝。列车优化了旅客界面与司乘界面，提高了乘客的舒适性。

在奖项方面，中国中车集团有限公司对高速列车工业设计领域尤为重视，其设计多次获得顶级工业设计大奖。2020年7月，中车青岛四方机车车辆股份有限公司作为专利权人设计的“轨道车辆车头（2014－3）”作品获得第21届中国专利奖（外观设计）金奖。

（三）乘用车设计

1. 个人乘用车设计现状

国产汽车从开始的合资到现在的自主设计，无论是技术性能还是外观内饰设计都取得了一定进步。近年来，国产汽车逐渐摆脱了“低端”“廉价”的形象，越来越受到消费者的信赖。轿车、SUV和客车是我们生活中常见的车型。

轿车的外形以流线型为主，奔腾B90整车比例相当协调，造型简约俊

朗，侧面全新风车造型的轮毂增强了速度感。奇瑞艾瑞泽 GX PRO 车顶造型近乎圆弧，采用曲面流体轿跑式设计，不仅造型美观，而且风阻系数小。其前脸由多组锋锐的线条构成，具有冲击力；运动美学比例车身与 Fastback 极速线条完美融合，具有速度感。① 吉利博瑞的飞掠式车头、溜背式车身加上翼展示车尾使整车具有运动气息。比亚迪汉 EV 采用全新的 Dragon Face 设计风格，前方是半封闭式设计，摆脱传统设计方法；贯穿的银色线条向两侧舒展开并和两侧大灯形成一体，细节强化也让整体的视觉效果更加动感大气。② 恒大新能源汽车与来自德国、意大利、美国、法国和日本等国家的 15 位世界顶级汽车造型设计大师进行战略合作，恒驰 1 拥有 3150mm 超长轴距，奢华感十足；恒驰 2 配备超大轮毂。

在内饰设计方面，奔腾 B90 配备驾驶员电动调节记忆座椅、具有前后座椅加热功能并配置双区独立空调系统，能给乘员带来贴心呵护和极致驾乘感受；中控台采用分层式的设计，搭配大尺寸的液晶显示屏，为整车带来了一定的豪华感。此外，该车拥有 2780mm 的超长轴距，通过空间的优化设计为乘员带来宽敞舒适的空间。艾瑞泽 GX PRO 三屏环绕数字智慧驾驶座舱，除了传统的 7 英寸组合式仪表和 9 英寸中控屏幕，可触控的 8 寸智享空调面板成为第三块“屏幕”；同时，非对称式中控台在材质上采用大面积的皮革、钢琴烤漆面板和仿铝饰板，给用户带来不一样的触感和视觉质感，其内饰所展现出的科技已达到 B 级轿车水准。比亚迪汉 EV 内饰精选 Nappa 真皮材质，采用顶尖的拉丝和丝网印刷的真铝制作工艺；车身涂装采用水性环保阻尼材料，达到欧标 3.0 级水平，高效净化。

SUV 是 sport utility vehicle 的缩写，一般指以轿车平台为基础，在一定程度上既具有轿车的舒适性，又具有越野性的车型。作为一种特有的车型，其底盘较高、离地间隙大。与轿车的造型相比，SUV 造型风格更加硬朗。奔腾 T99 整体造型意在诠释全新光影魅学的风格，包括“凤尾式”引擎盖、

---

① 奇瑞官网，https：//www. chery. cn/。

② 比亚迪官网，http：//www. bydauto. com. cn/auto/carShow. html - param = % E6% B1% 89EV。

“瞳孔”式逐级点亮前大灯等。此外，该车采用最新一代 D – life5.0 智能网联系统，可实现远程控制、数字钥匙、智慧语音和 AR 实景导航等一系列智慧操控功能；并且配有安全装备，包括 L2.5 级自动驾驶等。同时，搭配 2.0T 完美动力、8AT 变速器、专业的 SUV 平台以及高效底盘调校和悬架优化的操控性能。[①] 长安 UNI – T 整体造型十分科幻，其前格栅采用了无边界设计，中心的菱形元素向四周逐渐演化，最终与前脸融为一体，非常具有整体感和未来感。长城 WEY VV7 GT 采用整体溜背式线条设计，遵循动感与豪华并重的设计原则，呈现特立独行的张扬之感、力量之感。[②]

SUV 汽车内部空间宽敞，特别是横向的大空间满足了人们日常生活的需要。无论是在前排还是在后排，都能相对自由的活动。与小轿车驾驶相比，SUV 司机有更宽的视野和更大的活动空间，驾驶姿势更接近于正常坐姿。SUV 内饰设计多为简约风格，座椅多采用皮质。部分 SUV 采用 D 字方向盘，不仅具有强烈的视觉冲击力，而且符合人机工程学。奔腾 T99 内饰设计采用“环”“薄”“轻”“悬”的理念，配备豪车座椅、全自动高精度空调系统并配置充满魅影的内饰灯光和全液晶化三屏座舱。长城 WEY VV7 GT 整体内饰设计采用令人印象深刻的红黑撞色风格，如同骑士战袍般的配色处理，彰显激进、张扬的运动格调与鲜明、非凡的态度内涵；驾舱座椅采用全新人机工程学定制设计，在保证豪华质感与乘坐舒适度的同时，力求以最大化、最贴近用户的方式，带来豪华运动氛围，提升产品整体驾乘品质。

2. 客车设计现状

客车按用途可分为旅行客车、城市客车、公路客车和游览客车等。城市客车造型较为规矩，呈方形；公路客车造型较为圆润，具有一定的流线型。宇通客车引进国外的工艺和原材料，使整车的防腐能力、美观度等方面大幅度提高。宇通 T7E 客车采用系列的智能辅助驾驶配置，包括车道偏离预警、高速前车碰撞预警、行人碰撞预警等，行驶更加安全。同时，该车采用 10

---

① 一汽奔腾官网，http://car.faw – benteng.com/t99/。

② 长城 WEY 官网，https://www.wey.com/vv7gt – brabuse.html#/page = detail。

寸智能中控屏，极大地提升了驾驶操控体验；外观方面进行了前保险杠优化、采用了全新结构的LOGO。[①] 黄海DD6115BEV2纯电动城市客车，采用具有现代感与时尚感的全新前围造型，更具有识别性。[②] 客车涂装常以白色打底，配以其他装饰图案，给人清新的视觉效果，车身往往贴有宣传广告。

客车内饰设计方面，宇通T7E客车加宽了乘客门，升级为电动外摆自吸门，采用无缝窗框、隐藏式音响和集成式储物柜设计；同时还采用了大尺寸宽敞空间和人机舒适座椅，通过静音降噪、电动外摆自吸门设计等大大提升车辆的舒适性。黄海DD6115BEV2纯电动城市客车座椅采用人机工程学设计，充分契合中国人特征，大幅提升乘坐舒适感；宽敞的后大顶，增大了乘客的顶部空间，增强了乘客的乘坐舒适性；最大座位数可达48个，驾驶区布置人性化，司机操纵布置合理，长时间驾驶不易疲劳。

（四）共享单车设计

随着中国地铁的大规模建成和校园面积的扩大，地铁站及校园周边短距离的出行方式成为人们迫切的需求。加之共享经济的兴起，共享单车带着环保、便捷等优势出现在人们的视野中。2014年之后的两三年时间里，共享单车在中国如雨后春笋般涌出。2017年，国内共享单车行业方兴未艾。面对共享单车行业的剧烈变革，凤凰、飞鸽等老牌自行车企业相继与ofo小黄车、优拜单车等品牌合作，成为其供应商。

在造型上，与以往常见的自行车采用三角形车架不同的是，共享单车采用的是“V”形车架。一方面是为了方便不同的用户上下车，另一方面避免了用户在使用过程中搭载他人，以提高出行的安全性。为了给用户更大的稳定性和更多的安全感，共享单车的“V”形车架往往做得比较宽大。此外，共享单车没有后座，除了经济成本的考虑之外，更多是为了安全和便捷的考虑。共享单车车把前面通常安装一个大的车筐，以满足人们携带物品的需

---

① 宇通客车官网，http：//www.yutong.com/products/T7E.shtml。

② 黄海客车官网，http：//www.hhbuses.com/product/122－cn.html。

求。共享单车座位常常被调整，之前调整为旋转式的固定方式，旋转杆较细，用户调节比较费力；之后调整为卡扣式，增大了卡扣和手的接触面积，操作较为省力。

在共享单车行业，企业将色彩作为品牌形象，以便增强其辨识度，通常采用亮度高的颜色，例如哈啰单车的蓝色、青桔单车的青色。鲜明的色彩能够加深用户的记忆，2017 年 5 月，共享单车平台 ofo 更名为“ofo 小黄车”，就是因为用户习惯将它称为“小黄车”。

（五）客船设计

近现代的船舶造型设计一直由少数发达国家引领，中国在此方面起步较晚，特别是豪华游轮，和发达国家相比存在一定的差距。不同于汽车批量化的生产方式，客船多为造船厂根据公司的需求而定制。

客船除了快速、安全和舒适等基本功能要求之外，其外观设计也很重要，包括主体部分和上层建筑部分的设计。国产客船多为双体船，上层建筑多采用阶梯式造型，给人稳定、轻快的感觉；也有部分客船采用两舷有外走道的开放式造型，给人以空间感和律动感。客船通常采用左右对称的造型设计，增强了其平衡性。

2019 年 1 月，湖南湘船重工有限公司打造的高速客船“六横之星 1”成功下水。该客船外部线型优美流畅，分为上下两层，总长度为 46.76 米，宽 7.40 米，高 3.30 米，续航力为 12 小时。依据兴波理论设计船体，具有良好的耐波性，外观比原来的船更具现代感、更加舒适和快捷。2020 年 7 月首航的“北游 26”总长度为 70.6 米，宽 17 米，最大航速 34 节，可载客 1200 人，是目前国内建造主尺度最长、客位数最大、同等客位数下航速最快、设计抗风等级最高的豪华铝合金高速客船。该船结构好、线型优美流畅，具有航速快、抗风浪能力强和安全性能高等特点。长江船舶设计院担纲设计的“世纪荣耀”号游轮长 149.99 米，宽 21.2 米，最大载客量为 650 人。由于采用先进核心技术，该游轮能大幅减少大气排放，并大幅降低大功率运行状况下的噪音，是长江上唯一装备智能能耗监测系统的船舶，也是获中国船级社官方认证的第

一艘绿色内河游轮。武汉理工船舶股份有限公司的高速客船在上层建筑部分的比例设计中，引用了“邓恩曲线”概念，即以上层建筑所引致的视觉焦点占船长的前1/3为佳。高速客船的窗户采用蓝色图案色块，船头的镂空部分和窗户相呼应，具有韵律感。客船外部涂装多为白色打底，或者配少量蓝色点缀；根据需求，也有部分客船以黄色、蓝色、红色涂装，少量以彩色涂装。

客船舒适和实用的内部空间能够为乘客提供良好的乘坐体验。2019年4月，湖南湘船重工有限公司打造的高速客船“六横之星2”，为了提高乘坐舒适度，下客舱采用漆皮座椅，干净整洁；上客舱为真皮座椅，可45度向后倾斜，并配备可收放桌面。出于人性化考虑，上客舱均配备USB接口，且全船覆盖Wi-Fi信号。“北游26”内部空间布局宽敞，采用大玻璃窗，给乘客一种全海景的视觉体验；装修典雅，设计较注重人性化，配备高端真皮按摩座椅、母婴室、儿童扶梯和宠物间等。“世纪荣耀”号游轮邀请荷兰著名设计公司Studio-L按照五星级酒店的标准操刀游轮内部设计，实现公共区域噪音在45分贝左右、客房区设置在前部、公共区设置在后部的布局设计，以及实现客房最大程度隔绝振动和噪音困扰。在内饰设计上，全船采用零油漆、零污染、耐污性能及防火性能强的全铝板吊顶，大堂地面采用了天然的大理石；作为标志性设施，“世纪荣耀”号游轮最大限度地利用顶层2000多平方米的阳光甲板，打造了世界内河游轮最大的宽敞自由的休闲娱乐空间。重庆长江黄金游轮有限公司旗下的7艘游轮分别采用现代、商务、简欧、东南亚、中式、时尚、北美等特色鲜明的装修风格，以满足不同乘客的需求。由此得知，中国客船内部空间设计的重点是注重提升乘坐舒适性和创造良好的视觉感官。

（六）游艇设计

在中国，游艇多作为公园、旅游景点的经营项目，少量用于商务接待、私人休闲及好友聚会等。国产游艇的制造能力不容置疑，有的甚至已经达到国际先进水平，如海星游艇以自有品牌进入国际市场，甚至实现国际订单超过国内订单；再如瀚盛游艇生产的PEARL 95豪华游艇成功在欧洲销售，受到用户的肯定，充分表明国产游艇的制造能力。

和客船造型相比，游艇体积较小，多为流线型或斜直线型，富有动感、整体性强。现在的游艇正在远离传统，船只分区设计趋向于更加明快、开放的布局。同时，室外部分的设计越来越重视乘客对于海洋环境的体验。如图2所示，Asteria 96 品牌全船落地窗和流线外形完美融合，360°无障碍海景，让每位成功人士怦然心动。MOANA 56 品牌游艇造型为未来风格，其优雅的外观造型采用逾百个锐利设计曲面和复杂的分割线条，实现了设计与工艺的突破①，在2019年亚洲游艇颁奖盛典斩获“年度最佳多体动力艇（50米以上）”奖项。JP110 品牌游艇长33.10米，宽7.10米，拥有两台CAT 1800HP主机，最大航速22节；艇身硬朗，直线与圆滑曲线刚柔并济，极具时尚动感。② 毅宏集团设计的Sea Stella 78 品牌游艇的外形采用流线型设计，富有动感和未来感。③

图2　海星游艇（Asteria 96 品牌）

资料来源：海星游艇，http://www.heysea.com/product/product.php?class2=107。

MOANA 56 品牌游艇内部设计极具现代化，主人房、儿童房、厨房和沐浴间等各类生活空间规划巧妙，满足船东各种需求；艉甲板有3.6米折叠式

① 莫阿娜游艇，http://moanayachts.com/MOANA56。

② 杰鹏游艇，http://www.jpyachts.com/series.php?k=4。

③ 毅宏集团，http://www.yihonggroup.com/productdisp.aspx?pid=3。

长方形餐桌，顶部有飞桥层遮阳挡雨。此外，MOANA 56 品牌游艇对于细节设计十分用心，如在艉艏设计隐藏式下水扶梯、在沙龙区设计隐藏的充电插座等。驰翼 52.8 是中国第一艘豪华双体商务游艇，内部设计豪华，拥有宽敞明亮的客厅、会议区、沙龙区、休闲区及吧台等；舱内为客户提供了大型实木会议桌。JP110 品牌游艇的内部设计方案是由荷兰顶级游艇设计团队与国内专业设计团队共同合作完成的，空间布置体现层次的纵深感和清晰的功能区分，舷窗的设计给予更多的自然光照。

二　交通工具设计趋势

（一）高科技带来的舒适性整体提升

不断提升乘坐舒适性是交通工具设计的核心之一。国内民用客机设计将提升旅客乘坐的舒适性和客舱品质作为目标，并以此树立飞机制造企业以及航空公司的企业形象。客舱设计趋势之一是集成座椅系统的舒适性。集成座椅系统的舒适性表现为：能够使用笔记本电脑、配备电源系统和座椅调节系统等。对客船来说，除了房间宽敞、有各种娱乐项目之外，震动和噪音大小是衡量客船舒适性的重要标准。无论是乘用车、轨道列车设计还是民用客机设计，其乘坐空间都往大容量的趋势发展，更加注重乘客的体验及舒适性。

（二）绿色设计节能环保

随着人们对环境保护意识的加强，节能、环保的绿色设计将更加广泛地应用到交通工具之中。2020 年 7 月，交通运输部等部门发布《交通运输部、国家发展改革委关于印发〈绿色出行创建行动方案〉的通知》[①]，通过开展绿色出行创建行动，倡导简约适度、绿色低碳的生活方式，引导公众优先选

① 《交通运输部、国家发展改革委关于印发〈绿色出行创建行动方案〉的通知》，中华人民共和国中央人民政府网站，2020 年 7 月 26 日，http：//www.gov.cn/zhengce/zhengceku/2020-07/26/content_5530095.htm。

择乘坐公共交通工具、步行和骑自行车等绿色出行方式。智能轨道快运列车采用高效电传动技术，集合了有轨电车无污染的特点，又吸收了传统公交客车运营灵活的优势，具有综合运力强、建设周期短和环境友好等优越性。上海市发布《上海市清洁空气行动计划（2018～2022年）》，指出2020年底前区公交车全部更换为新能源汽车。随着水上保护力度的加强，游艇设计人员需要意识到资源节约的趋势。游艇的清洁技术以及新材料、新结构、新观念将引领绿色游艇的研发。

（三）注重人文关怀，体现文化差异性

汽车的人机交互中，本能水平设计要求汽车的造型具有吸引力；行为水平设计则要求汽车的操作符合人机工程学；而反思水平设计比较复杂，要从不同角度满足人们的情感需求，注重文化的差异性，以此来构建一个更加轻松的驾驶环境。

由于地域文化的不同，人们的生活习惯、宗教信仰等也会存在较大的差异。中国的轨道列车设计经历引进—消化吸收—自主创新的过程，逐渐形成了自己的特色。如今，中国的轨道列车已经出口多国，在为其他国家或者地区设计列车时，其地域文化的差异性是我们应该关注的问题。基于地域文化的交通工具设计可以理解为交通工具设计的特色化，如武汉地铁4号线在外观和内饰设计中，彰显了黄鹤楼古建筑、长江灵动线条和芳草绿等楚文化元素。

（四）交通形式的多元化和定制化并存

目前，中国呈现一个陆地、空中、水上多种交通工具形式综合发展的面貌，以汽车为例，其性能良好、造型多样、价格实惠，可以满足大部分人的生活需求。与此同时，定制化的设计越来越受到人们的重视，一是彰显个性；二是因地制宜。2020年4月，宇通客车根据客户需求为多个旅游公司定制化打造高端旅游客车，既符合了当前旅行社中型团较多的市场特点，又能以此提高车辆的舒适度和档次，从而大大提升游客长线旅游的出行品质。

总　结

在信息化时代的背景下，大数据、物联网、无人驾驶等技术引进已成为交通工具行业发展的趋势，未来交通工具的设计离不开智能化和情感化。尽管技术的变革会影响交通工具在造型、布局等方面的发展，甚至影响用户选择出行方式，但以用户出行需求为中心的目标不会改变，安全、便捷、舒适和美观等是交通工具设计永恒的主题。中国交通工具设计经过引进、吸收等发展阶段，已逐步摆脱低端的形象，进入多类型、多元化发展的新时期，以动车组列车为代表的轨道列车设计领域已经走在世界前列。目前，在国家建设交通强国的决策部署下，铁路运输、公路运输、水路运输、航空运输等运输方式蓬勃发展、各展其长，并正在探索各类型深度融合和系统集成，在交通组织上呈现综合交通一体化发展的趋势，共同推动交通出行环境的高质量发展。

B.3 中国展览展示多媒体设计现状及技术发展趋势（2021）

姚钧杰　张 成*

摘　要：展览展示设计是现代设计学中一门综合性很强的视觉艺术，在工业4.0时代，随着计算机处理能力的增强、大数据应用的普及以及新型材料的运用，一些在电影作品中才能看到的画面将在展览展示的实践中被应用和实现。通过展览展示设计与国内相关企业结合，就展览展示的概念、展览展示设计的要素、主要多媒体技术在展览展示设计中的应用，以及多媒体技术在展览展示设计中的发展趋势等为行业内外的设计师提供展览展示设计的一些经验和成果。未来的多媒体技术正向着数据更全面化、信息更精细化、画面更清晰化、交互更体验化的方向急速前进，基于5G网络设计的展览展示项目将具有传播广、数据全、应用场景丰富等特点。

关键词：展览设计　展示设计　多媒体技术

一　展览展示设计发展现状

展览展示在英文中是 display 或是 exhibition，它呈现的主体是展品展项

* 姚钧杰，二级建造师，上海宝瓶建筑装饰工程有限公司副总经理兼项目总监，研究方向为室内设计、展示设计、多媒体设计；张成，高级工程师，华东理工大学企业导师，中国室内装饰协会设计委员会委员，上海市室内装饰行业协会室内设计专业委员会委员，上海宝瓶建筑装饰工程有限公司创始人兼总经理，研究方向为室内设计、展示设计。

（可以是有形的产品或者是无形的服务）。本文所讨论的展览展示设计是现代设计学中的一门综合性很强的视觉艺术，它的理念基本形成于19世纪中后期（以1851年英国主办的首届万国工业博览会为起点），并在20世纪50年代末逐渐成为一个完整的学科（二战结束后，伴随经济的高速发展形成了体系）。

所谓的综合性强，是因为展览展示设计涉及众多学科领域和技术，包括建筑学、结构力学、人机工程学、材料学、市场营销学、心理学、视觉传达、灯光照明设计、计算机网络技术、智能控制技术等。它需要通过合理的空间规划、平面布局、展示设计、色彩搭配将所需展示的内容系统化地呈现在参观者面前。

展览展示设计所涉及的内容十分宽泛，从服务对象上来说，我们将它的设计分成了以下四个门类：商业展示设计、展馆展示设计、会展展示设计、娱乐展示设计。[①] 商业展示设计：用于商场、购物中心、专卖店等以商业销售为目的的场所。展馆展示设计：用于博物馆、科技馆、企业馆、艺术馆等以科普、研究、教育为目的的常设性场所。会展展示设计：用于博览会、展销会、发布会等以短期交流、商务洽谈为目的的临时性场所。娱乐展示设计：用于主题公园、影视空间、大型晚会等以娱乐大众为目的的场所。

从展览展示设计的工作内容上来说，我们将它分为以下几个部分：内容设计、空间设计、灯光照明设计、展品展项设计。内容设计：也称为“策划设计”，是整个设计的基础，它明确了展示的主题和内容，确立了展览的理念和定位，往往一个好的策划就意味着已经成功了一半。空间设计：因为展览的目的是让“人”来观看，而空间又是能给“人”带来最直观的感受的，所以空间设计的好坏同样决定了展示效果的优劣；在这个部分，要充分考虑空间的尺度、材料的选择、色彩的搭配以及动线的合理。灯光照明设计：因为人类是借助光来感知环境的色彩、质感和细节的，所以展览环境的灯光照明设计在一定程度上会影响最终的展示质量；采用不同的灯光照明系统会给参观者带来或欢快或悲伤的心理感受。展品展项设计：展品展项是展

① 肖勇、傅祎、王雪琴、罗润来：《展示设计》，北京理工大学出版社，2009。

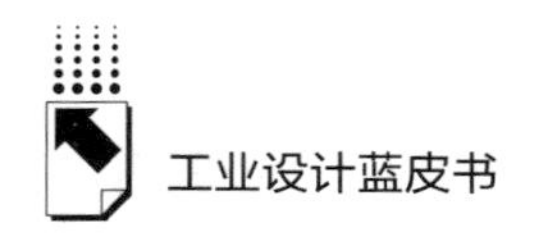

览中的主角，它们是参观者获取展示内容以及理解策展人情感的直接载体。设计人员要充分考虑到展示内容的表达、受众人群的习惯以及体验方式的舒适。展品展项的设计又可细分为：道具设计（展台、展柜、艺术品）、多媒体设计（声光电、互动多媒体）、平面设计（图文展板、导览导视）。

二　多媒体的概念和兴起

多媒体（Multimedia）即多种媒体的综合，一般包括文本、声音和图像等多种媒体形式。自第三次工业革命（计算机及信息技术革命）以来，随着全球信息化、智能化的进程日益加速，多媒体技术的应用也在全社会的各个领域发挥重要作用。

多媒体技术具有集成性、控制性、交互性、实时性、互动性、灵活性等特点，近些年已经成为展览展示设计中的新宠儿。简而言之，在展览中采用多媒体技术具有以下几个优点。一是扩充信息容量：同样的面积，一块图文展板所能呈现的内容远远小于一块电子屏幕。二是节省展示空间：单位面积的内容量的增加可以使总内容的承载量增多，从而节省了更多的展示空间。三是灵活调整内容：现代社会信息迭代迅速，对于展馆方来说，利用多媒体技术更换内容，其便捷程度要优于其他展示形式。四是体验方式的多样：多媒体技术手段多种多样，从一台简单的电视到复杂的沉浸式空间，可以让参观者体验到不同的观展效果。五是虚实结合的空间：随着5G、全息投影、VR、AR、MR等多媒体技术的发展，越来越多虚实结合的空间被设计师创造出来，能让参观者获得一种前所未有的感官体验。

三　主要多媒体技术在展览展示设计中的应用

（一）投影融合技术

投影融合技术的发展大致经历了三个阶段：简单拼接技术、简单重叠技术、边缘融合技术（见图1）。

图1　投影融合技术的三个发展阶段

资料来源：《什么是投影边缘融合技术?》，http：//www.360doc.com/content/19/0306/16/32916683_819641163.shtml。

2008年北京奥运会开幕式后，投影融合技术已经正式进入“边缘融合技术”的阶段。相较于前两个阶段，边缘融合技术不像简单拼接技术会存在一条物理拼缝，也不像简单重叠技术会存在一条两倍的光带。这是因为它在处理过程中将两台（或多台）投影机组合投射重叠部分的灯光亮度逐渐调低，使得整幅画面的亮度一致。

投影融合技术具有以下几大优势。一是增加投影画面尺寸和完整性；二是增加图像亮度，因为投影投射面积越小、亮度越高；三是增加整体分辨率，使超高分辨率成为可能；四是缩短投影机投射距离，解决投影机安装位置的限制问题；五是可在特殊形状的屏幕上进行投射成像，如球形幕、异形幕等。

（二）基于时序控制系统的表演控制系统

“Show Control System”即“表演控制系统”，最早是由某些主题公园和一些娱乐产业开始使用的。[①] 如今，随着大型晚会、商演和秀场的兴起，以

① 熊艳云：《表演控制知多少》，《信息化视听》2013年第6期。

及各项多媒体技术（展览展示）的日趋成熟，各类活动的主办方对于表演控制的要求也越来越高。因此，精准的时序控制在表演控制系统中的作用不言而喻。

时序控制是一个典型的计算机术语，它是指对各类计算机信号施加时间上的控制，并对各种操作信号的产生时间、稳定时间、撤销时间及相互之间的关系都有严格要求。时序控制方式有三类，分别是同步控制方式、异步控制方式和同异步联合控制方式。目前，表演控制系统中采用的时序控制方式基本都是第三种——同异步联合控制方式。

基于时序控制系统的表演控制系统需要实现三个重要的目标：自动化、准确性和联动性。接下来，我们通过一个案例来具体说明三个要点。某主题乐园针对一场电音嘉年华提出流程要求，这场活动涉及气模投影、贝壳大屏等展示形式以及水上汽摩、真人表演等演绎形式。此时，表演控制系统将起到重要的作用。首先，各个子项目系统（如灯光）根据相关时间的要求编写运行脚本程序，实现系统的自动精确运行；其次，各个子项目系统将运行正常的程序与总控制系统进行数据接口的对接，通过第二次的时序控制编程将整个演出集成为一套完整的控制程序；最后，通过数次联动调试不断地将这个过程完善，并最终形成一个自动、精准、多系统联动的简易操作程序。通常来讲，在正常运行中，操作人员仅仅需要触碰几个按钮就可以让整个系统准确运行，基本不会产生意外。

（三）黑暗乘骑

黑暗乘骑（Dark Ride）是近些年兴起的一种以沉浸式展示手段展现的项目，它是让游客乘坐在轨道车上，沿着既定的故事路线，在一个虚实结合的室内环境中进行穿行体验。黑暗乘骑是一个主题公园（或者场馆）最吸引人的项目，例如上海迪士尼度假区的“加勒比海盗”项目（见图 2）、日本环球影城的“蜘蛛侠惊魂历险记”项目（见图 3）。

但是，设计一个成功的黑暗乘骑项目并不容易，因为我们很难制定一个通用的设计框架，从某种意义上说，每个黑暗乘骑项目都是唯一的。与所有

图 2　上海迪士尼度假区的“加勒比海盗”项目

资料来源：上海迪士尼度假区官网，https：//www. shanghaidisneyresort. com/。

图 3　日本环球影城的“蜘蛛侠惊魂历险记”项目

资料来源：日本环球影城官网，https：//www. usj. co. jp/cn/attraction/spm. html。

的项目一样，预算和安全是影响设计的两个最大的现实因素，因此设计师需要在考虑各种因素的情况下，以轨道车为载体，尽力讲好一个故事。我们总结归纳了一些可能影响黑暗乘骑项目成败的因素以供参考。

第一，故事和品牌形象（Intellectual Property，简称 IP）。现在市场上比较受欢迎的黑暗乘骑项目大部分是基于影视作品而设计的，其本身就已具备一定的知名度。但我们还是认为，对于黑暗乘骑来说，好故事要比好 IP 更重要，一个烂故事会抵消掉 IP 带来的影响和口碑。

第二，视觉引导和场景体验。因为黑暗乘骑项目是基于一个线性轨道展开的，所以要引导观众的视线随着轨道车的移动而移动，让他们的视线每次都聚焦在效果和体验最佳的视觉上；同时每个场景间的转换尽可能自然流畅些，让观众能够始终跟随故事的内容和节奏。此外，在场景设计中应遵循“情理之中、意料之外”，这样才能让体验者有一种达到预期并超过预期的感受。

第三，多媒体影像技术和互动性。多媒体影像技术在黑暗乘骑项目中始终扮演重要的角色，近年来一些新型技术被运用到新项目中。例如上海迪士尼度假区的“加勒比海盗”项目运用幻影成像技术（即佩珀尔幻象原理）让杰克船长突然出现并开始打斗；同时互动性也成为黑暗乘骑项目另一大发展趋势，例如上海迪士尼度假区的“明日世界”主题园区的“巴斯光年星际营救”项目采用射击积分的互动形式，属于同类项目中的首创。

（四）全息投影技术与裸眼3D 技术

1947 年，英国物理学家丹尼斯·盖伯发明全息投影技术。起初全息投影作为一种科研手段被应用于电子显微技术中（见图 4）。之后，全息投影逐渐远离科学舞台，在舞台表演、展览展示等商业活动中大放异彩。

如今，全息投影技术面临的最大问题是成像的介质。因为光线可以轻易穿透空气，所以从目前的技术看，电影中的全息投影技术在现实中尚不成熟。我们现在所看到的全息影像，其背后都存在成像的介质。比较常见的介质有以下几种：水幕、烟雾、全息膜、半透半发玻璃。

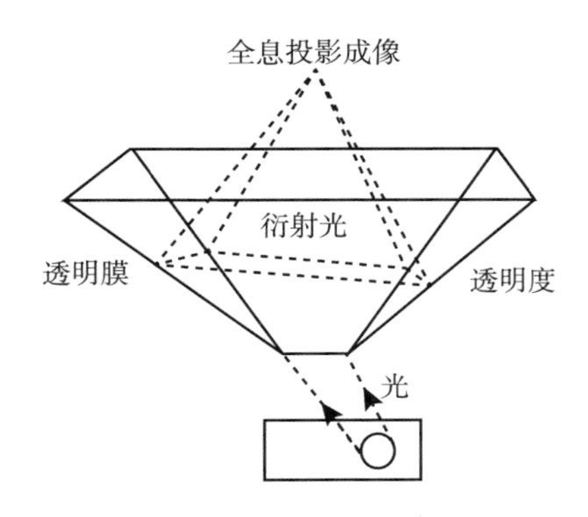

图 4　全息投影原理图

资料来源：《全息投影原理图解》，火米互动网，http：//www.huomi360.cn/fqxty/aqxty/a20931.html。

裸眼 3D 技术从本质上说是一种“视觉差”，它利用人类左眼和右眼视网膜上的物体成像会存在一定程度的水平差异的原理，通过光栅或透镜将显示的图像进行分光，从而使人眼接收到不同的图像，实现了三维立体的效果（见图 5）。

图 5　L 形屏幕产生的裸眼 3D 效果

资料来源：《水晶石首创“L”形屏幕“裸眼 3D 沙盘”》，中国数字视听网，http：//www.itavcn.com/news/201308/20130820/39404.shtml。

从技术手段上来说，目前主流的裸眼 3D 技术可分为光屏障式、柱状透镜和指向光源三种。但无论采用上述何种方式，在观看时都需要与显示设备保持一定的位置和角度才能看到3D效果的图像。

目前，无论是全息投影技术还是裸眼3D技术都处于快速发展阶段，从现有情况看，二者存在两个主要区别。一是成像原理不同，二者同时展示出来的效果不太一样。裸眼3D在现有技术条件下对观看角度和距离都有一定的要求，而全息投影并没有这方面的限制。二是全息投影的视频源必须经过特定的制作，而裸眼3D的视频可以通过普通的2D片源来转换，不需要太过复杂的重制。

（五）动作捕捉技术下的人机交互应用

传统的人机交互方式（如键盘、鼠标）是一种限于二维平面内的操作，然而复杂的交互设备既束缚参观者的双手，又不能满足现代展览展示的应用要求。所以，在各种展示场合中通过采用动作捕捉技术来实现人机交互应用被广泛采纳。

现代定义的动作捕捉技术被人熟知是从2001年的电影《指环王》开始的，其中动作捕捉演员安迪瑟·金斯化身为咕噜和其他演员进行互动表演；而到了2008年，由詹姆斯·卡梅隆导演的电影《阿凡达》全程运用动作捕捉技术完成，实现动作捕捉技术在电影中的完美结合，具有里程碑式的意义。

目前，展览展示行业对动作捕捉技术下的人机交互应用主要有以下几种。一是隔空交互。利用手势识别技术实现，通常会使用较为成熟的信号捕捉设备（如Kinect）来实现人机之间隔空互动的效果。二是虚拟游戏。利用动作识别技术实现，随着体感技术的突破，越来越多的展馆（或展会）设置了类似虚拟足球、VR网球这样的互动展项。三是虚拟人物。基本等同于电影拍摄，通过三维建模、人物骨骼绑定、面部表情捕捉、体型动作捕捉等手法创造虚拟人物，用于媒体动画内容的制作。

（六）特种影院

1. 4D影院

4D影院是从传统的3D影院基础上发展而来的，集四维特效设备、声

光电技术、各种环境特效设备以及精心构思制作的立体影片于一体，使游客完全沉浸在逼真的模拟环境当中。因此，近年来4D影院在展馆的建设中占据了不小的比重。4D影院主要的构成有3D立体眼镜、4D动感座椅、4D银幕、环境特效设备、4D立体影片、数字音响系统。

2. 环幕影院

环幕影院是一座具有高度沉浸感的虚拟仿真可视环境影院，是传统平面屏幕所不能比拟的（见图6）。环幕影院根据银幕弧长状况可分为：弧幕、环幕、360度环幕。通常的定义标准是，弧度小于180度称作弧幕、弧度大于180度称作环幕、弧度为360度全封闭称作360度环幕。

图6　环幕影院

资料来源：搜狐网，https：//www. sohu. com/a/212293032_ 100041276。

3. 球幕影院

球幕影院又称“穹顶影院”或“天幕影院”，最早产生于20世纪70年代（见图7）。球幕影院所使用的影片，其拍摄和放映均采用超广角鱼眼镜头，使观众如置身其间，临场效果十分强烈。因此近年来，球幕影院已经逐步应用于各种展馆、主题乐园中，尤其在天文、天象类展馆的展示中作用显著。

4. 飞行影院

飞行影院是一种较为特殊的悬挂式球幕影院，是基于4D影院技术以及球幕影院技术，在保证安全性的基础上，为了增加刺激性和体验感所产生的

图 7　球幕影院

资料来源：搜狐网，https：//www. sohu. com/a/212293032_ 100041276。

新一代影院。飞行影院由四部分组成：（1）4D 动感座椅系统；（2）球幕影院系统；（3）机械抬升系统；（4）安全控制系统。它通常在正前方设置一个巨大的半球形银幕，在影片正式放映前，观众坐上座椅，进行了周全的安全保护措施后，机械抬升系统将观影平台移动至整个球幕的视觉中心点，使平台处于一个悬空的状态。在观影过程中，观众将跟着影片的内容，感受到上下翻滚、前后摇摆、左右摇晃、急速上升、高速俯冲等动作，宛如真实地在空中飞翔（见图 8）。

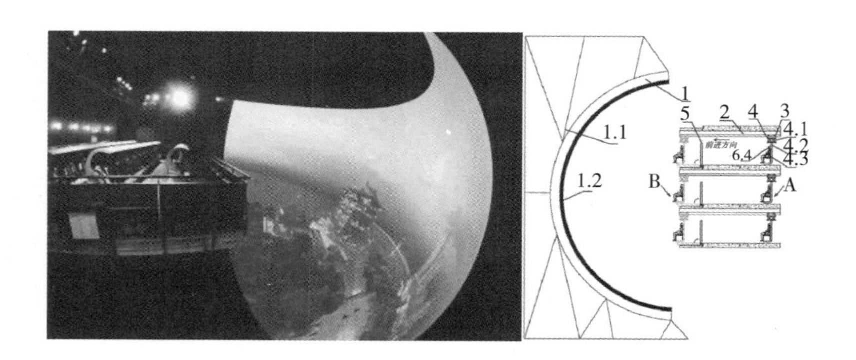

图 8　飞行影院的效果与原理

资料来源：北京赢康科技股份有限公司网站，https：//www. wincomn. com/。

四　多媒体技术发展趋势

21 世纪已进入第三个十年，伴随着工业 4.0 时代的到来，多媒体技术正向着数据更全面化、信息更精细化、画面更清晰化、交互更体验化的方向急速前进。

（一）5G 技术

由于 5G 技术具有传输速率高的优点，未来基于 5G 网络设计的展览展示项目将具有传播广、数据全、应用场景丰富等特点。首先，数字化展厅将大为盛行，越来越多的博物馆、科技馆甚至企业将推出自己的线上展馆，提供“7 + 24”的全时段体验。其次，大数据、物联网等技术将在展示中被大量运用，一些原本无法实现的场景将不再是梦想，例如数字孪生城市、大型全景展示等。最后，一些实时应用的展示将进入各类展馆中，例如规划馆可以接入无人驾驶车辆的实时运行画面、博物馆可以接入实时考古的画面、科技馆可以远程联系行业内的专家为中小学生进行实时科普。

（二）虚拟现实技术

本报告所说的虚拟现实技术（Virtual Reality，简称 VR）并非字面意义上的 VR，而是虚拟一切现实中不存在的事物。它可以是 VR、AR、MR，也可以是全息投影、裸眼 3D 和沉浸式空间。随着计算机处理能力的增强、大数据应用的普及、新型材料的运用，一些在电影作品中才能看到的画面将在展览展示的实践中被应用和实现。

（三）超高清影像

由于显示设备物理分辨率的提高，以及多画面拼接技术的成熟，超高清影像在展览展示中的运用越来越常见。目前，展馆中常见媒体的制作标准基本达到 1080P。而在可见的未来，随着大型媒体空间的出现（例如 CAVE 沉浸式系统、特种影院），4K、8K 甚至 12K 的超高分辨率影片也将出现在展览展示设计中。

参考文献

蔡芝蔚：《动作捕捉带来的人机交互设计研究》，《数字技术与应用》2014 年第 3 期。

胡以萍：《展示陈列与视觉设计》，清华大学出版社，2018。

黄朝晖：《展示设计》，安徽美术出版社，2012。

李梦玲、邱裕：《展示设计》，清华大学出版社，2011。

孙丹丽编著《主题展览馆展示设计》，西南师范大学出版社，2016。

〔美〕威廉·立德威、克里蒂娜·霍顿、吉尔·巴特勒：《设计的法则》（第 3 版），栾墨、刘壮丽译，辽宁科学技术出版社，2018。

〔德〕沃尔夫戈·普尔曼：《展览实践手册》，黄梅译，湖北美术出版社，2011。

中国展览馆协会：《会员名录（2019～2020）》，中国展览馆协会，2020。

区域篇

Regional Reports

B.4

河南省工业设计发展报告（2021）

王庆斌　佗卫涛　訾　鹏　张　婷　曹志鹏　刘　林*

摘　要：“十三五”期间，河南省工业设计在平台建设、政产学研合作、设计扶贫等方面取得突破性进展，有效推动提质增效和产业转型升级。为响应国家制造强国战略，河南在全省印发了政策文件，鼓励、支持工业设计发展和工业设计平台建设。总的来说，2020年河南各市在政策环境、人才培养等方面不断支持工业设计产业发展，如濮阳市主要就工业设计主体、产业基地建设、企业购买工业设计服务、举办大型工业设计活动、企业参加设计创新比赛、工业设计成果转化、设

* 王庆斌，博士，教授，博士研究生导师，河南省工业设计研究院院长，河南工业大学设计艺术学院院长，国家级一流本科专业建设点负责人，中国工业设计协会常务理事，研究方向为工业设计；佗卫涛，河南工业大学设计艺术学院教师，研究方向为交通工具；訾鹏，河南工业大学设计艺术学院硕士研究生导师，研究方向为标识系统规划设计；张婷，河南工业大学设计艺术学院教师，研究方向为工业设计；曹志鹏，河南工业大学设计艺术学院教师，研究方向为工业设计；刘林，河南省工业设计研究院办公室副主任，研究方向为工业设计。

立工业设计产业专项资金等方面促进工业设计的整体发展。面对“十四五”发展机遇期，河南省工业设计将以“高质量发展”为目标，进一步加大政策支持力度，提升整体发展水平，加强产业生态建设，推进工业设计与制造业、服务业、信息产业的深度融合发展。

关键词： 工业设计 高质量发展 融合发展

一 河南省工业设计基本情况

河南省位于中国中部地区，经济总量基本保持全国第5位、中部地区首位，规模以上工业生产总值居全国第4。2019年，河南省制造业两化融合发展水平指数以52.3居中部地区首位，拥有国家级制造业创新中心12家[①]、国家级工业设计中心4家，以河南为主体的中原城市群逐渐成为带动全国发展的新增长极[②③]。河南省在政策环境、人才培养等方面不断支持工业设计产业发展，郑州、洛阳、濮阳等城市出台工业设计相关政策，相继在中国（郑州）产业转移系列对接活动中举办工业设计专场活动，开展省级和地市工业设计专题培训活动；完善工业设计平台体系建设；积极组建河南省工业设计研究院。

河南省面向国家战略和区域产业发展，积极探索工业设计人才培养模式，创建国家级一流本科专业建设点（产品设计）2个，启动“校地结对帮扶”精准扶贫行动，多方面开展“设计扶贫”活动，鼓励高校、企业和

① 《2020年河南省工业和信息化工作会议在郑州召开》，河南省工业和信息化厅，2020年1月3日，http：//gxt. henan. gov. cn/。

② 《国家发展改革委关于印发〈中原城市群发展规划〉的通知》，国家发展改革委，2016年12月29日，https：//www. ndrc. gov. cn/xxgk/zcfb/ghwb/201701/t20170105_ 962218. html。

③ 《国务院关于〈中原城市群发展规划〉的批复》，中华人民共和国中央人民政府，2016年12月30日，http：//www. gov. cn/zhengce/content/2016－12/30/content_ 5154781. htm。

设计机构积极参与工业设计主题竞赛，并举办具备地方产业特色的设计赛事，营造更好的工业设计产业发展氛围。

二　河南省工业设计发展现状

（一）政策措施

为响应国家制造强国战略，全面贯彻《制造业设计能力提升专项行动计划（2019～2022年）》相关文件精神，河南在全省印发了政策文件，鼓励、支持工业设计发展和工业设计平台建设。

河南省工业和信息化委员会在《河南省省级工业设计中心 工业设计产业园区管理办法（试行）的通知》中就省级工业设计中心、省级工业设计产业园区的认定条件、认定程序及管理办法进行了详细的要求和说明。

2019年2月，河南省人民政府在《河南省人民政府关于实施创新驱动提速增效工程的意见》中明确每年培育包括工业设计中心在内的国家级创新引领型平台50家以上的目标。各市出台针对工业设计发展和平台建设的相应奖励办法。如濮阳市人民政府在《濮阳市人民政府办公室关于印发〈濮阳市支持工业设计发展若干政策措施（试行）〉的通知》中分别就工业设计主体、产业基地建设、企业购买工业设计服务、举办大型工业设计活动、企业参加设计创新比赛、工业设计成果转化、设立工业设计产业专项资金等方面提出专项奖励政策，鼓励和促进濮阳工业设计整体发展。

（二）主题活动

1. 中国（郑州）产业转移系列对接活动工业设计专场活动

中国（郑州）产业转移系列对接活动由工业和信息化部、中国工程院与河南、河北、山西、内蒙古、安徽、江西、湖北、湖南、陕西等省（自治区）政府共同主办。自2016年第五届中国（郑州）产业转移系列对接活动开始举办工业设计专场活动，陆续在政产学研合作框架搭建方面取得突破性进展。

2016 年，第五届中国（郑州）产业转移系列对接活动工业设计专场活动主题为“工业设计与制造业融合发展”。中国工业设计协会前会长朱焘、工业和信息化部产业政策司副巡视员罗俊杰出席会议并致辞，原工业和信息化部总工程师朱宏任做了“加快工业设计发展、助力制造业由大变强”的主题演讲，湖南大学、中央美术学院、江南大学等高校及企业的专家也做了主题演讲。由中国工业设计协会和河南、河北、山西、内蒙古、安徽、江西、湖南、陕西等省（自治区）发起的“中部八省工业设计联盟”正式成立。洛阳市工业和信息化委员会宣读《地级工业设计联合会成立倡议书》。中国工业设计协会、河南工业大学分别与河南省工业和信息化委员会签订《工业设计战略合作框架协议》，国家知识产权创意产业试点园区管委会与洛阳市工业和信息化委员会签订《发展战略合作意向书》。

2018 年，第六届中国（郑州）产业转移系列对接活动工业设计专场活动主题为“工业设计创新驱动新动能”。河南省工业和信息化厅副巡视员李海峰、中国工业设计协会副会长赵卫国、工业和信息化部产业政策司司长许科敏为本次活动致辞，江南大学教授张福昌等为本次活动做了专题报告。同时，河南工业大学设立专场活动分会场，分会场围绕爆品商业模式下的工业设计、前沿趋势、跨学科实践教学成果、工业设计与人因工程、工业设计人才培养模式探究等主题展开。

2. 工业设计主题培训活动

2017 年 11 月 14 日在焦作市举办先进制造业及企业技术改造高级研修班，2018 年 11 月 13 日在周口市举办工业设计专题业务培训，两次培训结合河南省工业产业特点，涉及工业设计概念范畴、产业政策解读和工业设计中心建设等重点内容。

2019 年 11 月 11～13 日，由河南省工业和信息化厅主办的国家专业技术人才知识更新工程——“河南省工业设计与产业转型升级”高级研修项目培训活动在郑州举办。河南省工业和信息化厅副巡视员李海峰出席开班仪式并讲话。中国工业设计协会、清华大学、湖南大学、浙江大学、河南工业大学

等国内多家高校和企业的专家学者围绕“河南省工业设计与产业转型升级”做主题演讲，省内各级工业设计中心、设计研发机构、高校和行业协会，各地市工业设计工作主管部门，先进制造业企业代表等共计300余人参加了培训。

3. 工业设计主题论坛活动

河南举办两届及以上的工业设计主题论坛活动有“中国·洛阳（国际）创意产业博览会”“中国（郑州）国际创新创业大会”以及“中部设计论坛”系列专场。另外，由政府指导，高校、行业协会、企业参与主办的专题性工业设计论坛活动也逐步展开。国内外设计领域知名专家、学者出席，探讨工业设计发展、产学研合作、设计研究和人才培养等（见表1）。

表1　河南省工业设计主题论坛活动一览表

序号	论坛主题	主办单位	举办时间
1	河南省普通本科高校设计学教学改革研讨会	河南省教育厅、河南工业大学	2016年
2	中国·洛阳(国际)创意产业博览会	中国生产力促进中心协会、洛阳市人民政府	2013～2019年(每年一届)
3	中国(郑州)国际创新创业大会	河南省人民政府	2015年、2016年
4	“中部设计论坛——健康设计专场”	河南工业大学	2017年
5	“中部设计论坛——台湾设计专场”	河南工业大学、河南省工业和信息化委员会、河南省美术家协会	2018年
6	“设计创新与地域文化振兴”学术研讨会	郑州轻工业大学	2018年
7	“中部设计论坛——设计教育专场”	河南工业大学、河南省美术家协会	2019年
8	“河南省设计学类专业人才培养模式与课程建设”研讨会	郑州轻工业大学	2019年
9	“郑州2019交通工具设计学术论坛——出行设计与体验”	郑州轻工业大学	2019年
10	“设计创新原动力”国际设计学术会议	河南省工业设计协会、郑州轻工业大学	2019年

资料来源：河南省工业设计研究院。

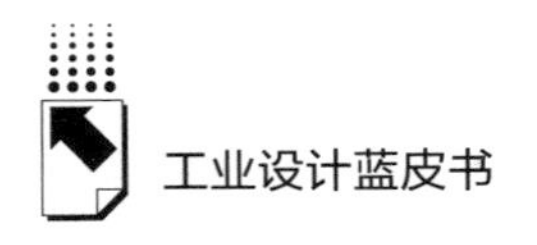

4. 工业设计相关赛事

河南省现有工业设计相关赛事主要由政府主管部门、行业协会和高校主办，以“工业设计”为大赛名称的有河南省工业设计大赛、全国大学生工业设计大赛（河南赛区）。其余多是设计类综合赛事，包括已举办多届并具备一定影响力的赛事“河南之星”设计艺术大赛、河南省博物馆文化创意设计大赛、“创意河南”艺术设计大赛、河南省陈设艺术设计大赛等。另外，还有依托地方产业特色，由高校、行业协会、企业协同主办具有地域产业特色的设计赛事（见表2）。

表2　河南省工业设计相关赛事一览表

序号	赛事名称	主办单位	举办时间
1	河南省工业设计大赛	河南省工业和信息化委员会 河南省教育厅、河南省科技厅	2015 年
2	“河南之星”设计艺术大赛	河南省教育厅 河南省工业和信息化委员会	两年一届
3	全国大学生工业设计大赛（河南赛区）	河南省教育厅	两年一届
4	“创意河南”艺术设计大赛	河南省教育厅	两年一届
5	河南省博物馆文化创意设计大赛	河南省文物局、河南省美术家协会、河南省博物馆学会、河南博物院	每年一届
6	河南文创和旅游商品创意设计大赛	河南省旅游商品企业协会	2020 年
7	河南省陈设艺术设计大赛	河南省美术家协会 河南省陈设艺术协会	2019 年、2020 年
8	河南省“玉松杯”汝瓷茶具设计大赛	河南省工艺美术行业协会、河南工业大学、汝州市玉松汝瓷有限公司	每年一届
9	钧瓷文化产品设计大赛	河南工业大学	2018 年
10	河南省官瓷文化产品创新设计大赛	河南省北宋官瓷文化研究会 河南工业大学	2017 年

注：举办时间固定的赛事不列具体年份。

资料来源：河南省工业设计研究院。

（三）工业设计平台建设

河南省工业设计平台体系包括工业设计研究院、工业设计中心、工业设计产业园区和工业设计协会。

1. 河南省工业设计研究院建设

2019 年 2 月，河南省人民政府发布《河南省人民政府关于实施创新驱动提速增效工程的意见》，明确提出支持河南工业大学组建河南省工业设计研究院。2019 年 6 月，河南工业大学成立了“河南省工业设计研究院”机构，配备了专职行政工作人员，组建研究团队，健全工作机构，加强与省内各类创新平台、龙头企业的合作，力求建成一个协同创新、政产学研联动、支撑制造业创新发展的公共服务平台。

2. 河南省工业设计中心建设

（1）国家级工业设计中心

为贯彻落实工业和信息化部《关于促进工业设计发展的若干指导意见》和《国家级工业设计中心认定管理办法（试行）》的相关要求，河南积极开展国家级工业设计中心的推荐和评审工作，截至目前，河南拥有中信重工机械股份有限公司工业设计中心、许继集团有限公司工业设计中心、郑州大信家居有限公司工业设计中心 3 家国家级工业设计中心和洛阳拖拉机研究所有限公司 1 家国家级工业设计企业。

2015 年，中信重工机械股份有限公司工业设计中心获得第二批国家级工业设计中心认定；2015 年，许继集团有限公司工业设计中心被河南省认定为“省级工业设计中心”，2017 年，许继集团有限公司工业设计中心获得第三批国家级工业设计中心认定；2015 年，郑州大信家居有限公司工业设计中心被河南省认定为“省级工业设计中心”，2019 年，该工业设计中心获得第四批国家级工业设计中心认定；2019 年，洛阳拖拉机研究所有限公司获得第四批国家级工业设计企业认定。

（2）省级工业设计中心

近年来，河南省出台了一系列政策措施，大力培育国家级和省级工业设计中心。河南省工业和信息化厅分别于2015年、2017年、2019年组织开展了三批省级工业设计中心的认定工作。省级工业设计中心、省级工业设计产业园区每两年认定一次。对通过省级工业设计中心、省级工业设计产业园区认定的，省工业和信息化厅将通过发展规划和相关政策予以支持，并从省级工业设计中心中择优推荐申报国家级工业设计中心。①

经企业申请，由省工业和信息化委员会组织专家进行评审，通过初审、现场复核，截至目前，河南现有省级工业设计中心、工业设计企业、高校工业设计中心、工业设计产业园区等合计44家，主要涵盖了装备、汽车、轻工、医疗、电子信息、纺织服装等消费类行业。分别为32家工业设计中心、5家工业设计企业、6家高校工业设计中心和1家工业设计产业园区。

郑州市现有16家省级工业设计中心，其中包括6家省级企业工业设计中心：宇通集团工业设计中心、郑州新大方重工科技有限公司工业设计中心、郑州煤矿机械集团股份有限公司工业设计中心、正星科技股份有限公司工业设计中心、郑州三和水工机械有限公司工业设计中心、智能化高端数码打印设备工业设计中心，以交通、装备制造、电子信息行业为主；5家省级工业设计企业：郑州飞鱼工业设计有限公司、郑州市浪尖产品设计有限公司、郑州一诺工业产品设计有限公司、郑州予仁工业设计有限公司、郑州沐客产品设计有限公司，是集设计研究、产品设计、品牌策略和后端产业化于一体的工业设计创新型公司；4家省级高校工业设计中心：河南工业大学工业设计中心、中原工学院工业设计中心、郑州航空工业管理学院工业设计中心、郑州轻工业大学工业设计中心，河南工业大学工业设计中心也是河南省首批高校创新设计平台获得省级工业设计中心认定；1家省级工业设计产业园区：郑州市金水区国家知识产权创意产业试点园区。

新乡市现有7家省级工业设计中心：河南驼人医疗器械集团有限公司工业设计中心、河南省矿山起重机有限公司工业设计中心、德马科起重机

① 《河南省工业和信息化委员会关于印发〈河南省省级工业设计中心 工业设计产业园区认定管理办法（试行）〉的通知》，河南省工业和信息化厅，2015年5月20日，http://gxt.henan.gov.cn/2018/01-05/1076311.html。

有限公司工业设计中心、河南亚都实业有限公司工业设计中心、新乡市华西卫材高端医用耗材工业设计中心、河南省功能聚酯膜材料工业设计中心、河南邦尼生物功能性鞋垫工业设计中心，以医疗、装备制造、材料制造行业为主。

许昌市现有 6 家省级工业设计中心：河南森源重工有限公司工业设计中心、河南森源电气股份有限公司工业设计中心、万杰智能科技股份有限公司工业设计中心、大宋官窑股份有限公司工业设计中心、许昌许继昌龙电能科技股份有限公司工业设计中心、许昌远东传动轴股份有限公司工业设计中心，以装备制造、电气、电子信息行业为主。

焦作市现有 5 家省级工业设计中心：中原内配集团内燃机气缸套工业设计中心、河南省速冻设备工业设计中心、风神轮胎股份有限公司工业设计中心、焦作市金谷轩绞胎瓷工业设计中心、科瑞森智能港口散货装卸输送装备工业设计中心，以装备制造、轻工行业为主。

洛阳市现有 3 家省级工业设计中心，其中包括中色科技股份有限公司工业设计中心 1 家省级企业工业设计中心，2 家省级高校工业设计中心：河南科技大学工业设计中心、洛阳理工学院河南省绿色智能建材装备工业设计中心，以材料加工制造行业为主。

平顶山市现有 2 家省级工业设计中心：河南省铁福来装备制造股份有限公司工业设计中心、河南中煤电气有限公司工业设计中心，依托当地煤矿特色产业，以煤矿装备、煤矿电气行业领域为主。

除此之外，还有安阳市河南翔宇医疗设备股份有限公司工业设计中心、漯河市际华三五一五特种鞋靴工业设计中心、南阳市飞龙汽车部件股份有限公司工业设计中心、三门峡市河南骏通工业设计中心、商丘市河南香雪海家电科技有限公司工业设计中心等 5 家省级工业设计中心，以医疗、轻工、汽车装备、冷冻行业为主。

3. 河南省工业设计产业园区建设

郑州市金水区国家知识产权创意产业试点园区是 2011 年经国家知识产权局批准建设的全国唯一一家创意产业园区，位于郑州市国基路，由郑州市金水区人民政府承建。园区建设以经济为引领，以工业设计为主体，依托中原经济区优势资源，服务于电子科技、汽车制造、医疗器械、服务外包等产业，形成涵盖研发设计、生产加工、代理销售的设计产业链。

中原工业设计城是以工业设计为核心的创新产业园区，2019 年 6 月 1 日开园运营，立足焦作，面向河南，服务整个中原地区。它以工业设计与产业融合发展为切入点，突出设计研发、成果转化、理论研究、教育培训、成果展示和市场推广等功能，为企业提供高端设计与科技资源的对接服务。

4. 河南省工业设计协会建设

河南省工业设计协会始建于 1996 年，由原河南省轻工业厅主管并组建成立。该协会云集了河南省内设计界众多专家、教授和设计精英，包括工业设计、环境艺术设计、服装设计等领域。多年来，该协会在省内外企业的产品造型创新设计、政府成果展示、学术研讨活动开展以及工业设计教育和培训等方面做了大量而富有成效的工作。

（四）人才培养

据教育部发布的《2020 全国高校名单》，截至 2020 年 6 月 30 日，河南建有普通高校 151 所，其中开设工业设计专业的高校有 11 所，开设产品设计专业的高校有 27 所。本科及以上在校生规模达到 7500 人，具备硕士研究生招生资格的高校有 7 所，具备博士研究生招生资格的高校有 1 所。现有国家级一流本科专业建设点高校 2 所：河南工业大学、郑州轻工业大学。

各高校面向国家战略和河南区域产业发展，结合教学资源，开设了特色专业方向，比如文化与产品设计、交通工具设计、陶瓷设计、智能装备设计、家具设计等。

在工业设计人才培养改革方面。河南工业大学设计类学科在全省高校中率先提出以“创新、创意、创业、创造”为目标的“导师工作室制”人才培养教学模式改革，自 2016 年全面推行以来，先后有 50 多所高校前来参考学习。2016 年 5 月 21 日，由河南省教育厅主办的河南省普通本科高校设计学教学改革研讨会在河南工业大学设计艺术学院举行。此外，由河南工业大

学、许昌学院、洛阳师范学院、河南理工大学联合承担的教改项目“设计学类专业导师工作室制教学模式改革研究与实践”获得2019年河南省高等教育教学成果一等奖。

（五）河南“设计扶贫”行动

为贯彻落实《中共中央国务院关于打赢脱贫攻坚战的决定》《“十三五”脱贫攻坚规划》《中共中央 国务院关于打赢脱贫攻坚战三年行动的指导意见》《设计扶贫三年行动计划（2018～2020年）》，河南省人民政府印发《河南省乡村振兴战略规划（2018～2022年）》，并鼓励支持高校、行业协会等社会力量参与“设计扶贫”行动。河南高校通过“校地结对帮扶”和定点扶贫的形式对贫困地区进行设计帮扶，取得了丰硕成果。

河南工业大学成立“设计扶贫研究中心”，与光山县人民政府签订了《设计扶贫提升企业创新驱动协议》、与兰考县人民政府达成了《设计帮扶协议》、与卫辉市顿坊店乡人民政府签订了《设计助力乡村振兴战略合作协议》，以设计推动当地企业转型升级、提升产品设计能力、促进文旅产业发展、帮助乡村风貌改观升级。

河南科技大学与汝阳县开展校地结对智力帮扶暨脱贫攻坚集中扶贫行动，依托艺术与设计学院的学科专业优势，有效提升汝阳县属企业形象、产品品质、品牌效应和经济效益。

中原工学院在对河南省南阳市方城县新集村的定点帮扶中，利用学科优势帮助发展新集村“葫芦烙画”文化创意产业，将新集村打造成“葫芦烙画村”。

郑州轻工业大学在兰考县张庄村挂牌“郑州轻工业大学艺术设计学院社会创新实践基地”，创建“河南乡村设计振兴”新模式。

在河南开展的“设计扶贫”行动中产生了一些典型代表，例如河南工业大学通过专项课题和毕业课题形式完成“设计扶贫”课题244项，并受邀参加2019世界工业设计大会暨国际设计产业博览会。其中“光山十宝”系列特色农产品简约环保包装设计，提升了光山农产品的品牌形象，促进了销售。

（六）典型成果

1. 高级别获奖情况

近年来，河南省高校高度重视工业设计学科发展，一大批重点高校如河南工业大学、郑州轻工业大学、河南理工大学、中原工学院、郑州航空工业管理学院等均在国内外顶尖设计赛事中取得了较大突破。同时，以大信集团、中铁工程装备集团有限公司、郑州新大方重工科技有限公司等为代表的企业，以郑州一诺工业产品设计有限公司、郑州飞鱼工业设计有限公司为代表的设计机构以产品创新为突破口，将工业设计作为创新战略的重要组成部分，其开发的产品获得了包括德国“红点奖”、“中国好设计”奖、中国创新设计红星奖等在内的众多国内顶级工业设计奖项（见表3）。

表3　2016～2020年河南省高校及企业获得工业设计高级别奖项情况

单位：项

奖项名称	获奖数量
德国“红点奖”	9
德国“iF奖”	7
美国“IDEA奖”	1
意大利A’设计奖	9
“中国好设计”奖	3
中国创新设计红星奖	3
CDN中国汽车设计大赛相关奖项	3

注：数据截至2020年7月。
资料来源：河南省工业设计研究院。

2. 产学研协同创新

河南省高校依托教学资源，组建设计创新团队，积极开展形式多样的产学研协同创新活动。河南工业大学联合行业协会、企业连续举办河南省“玉松杯”汝瓷茶具设计大赛、河南省“瑞瓷轩杯”钧瓷灯具创新设计大赛、河南省官瓷文化产品创新设计大赛、河南省“东升杯”粮食机械设计大赛、“UIOT杯”智能家居产品创新设计大赛等专项设计比赛，输出了大

量的优秀设计成果，其中绝大部分成果已完成转化。河南工业大学产学研成果“V28前摇摆倒三轮电动车”为一款强调骑行乐趣的城市轻型交通工具，拥有22项国内专利，获得“中国好设计”奖——创意奖。河南工业大学与中国船舶重工集团公司第七一三研究所合作研发的机场智能安检设备，陆续在北京首都国际机场、北京大兴国际机场等多个机场投入使用；与宇通专用车分公司合作研发的动物园观光车在北京野生动物园等园区也投入使用。

中原工学院与河南翔宇医疗设备股份有限公司组建“翔宇公司－中原工学院工业设计协同创新中心”，2019年，双方联合举办首届“翔宇杯”工业设计大赛，以专项设计赛事的方式加速了创新型产品开发的成效，实现了校企深度合作发展模式。

三　河南省工业设计发展中存在的问题及对策建议

（一）河南省工业设计存在的问题

1. 各级政府不够重视

河南省目前正在积极从农业大省向工业强省转变，但在这一过程中仍然没有认识到工业设计发展对于工业强省的建设所起的决定性作用。在省级层面，工业设计受重视程度不高。没有制定明确的省级工业设计发展规划，各级政府发布的工业设计的政策性文件较少，既有的相关政策落实也不到位。同时，河南省还有许多企业缺乏对工业设计的认知，没有认识到工业设计对于企业发展及提升市场竞争力的重要性，导致自身设计研发能力弱。

2. 地区发展不够均衡

河南省经济发展的不均衡导致了河南省工业设计发展存在地区差异。以工业设计中心建设为例，河南省工业设计中心主要集中在郑州、许昌、新乡和焦作，以交通、装备制造、医疗、电气、电子信息行业为发展重点，而河南省其他地区的工业设计发展缓慢。

3. 人才培养不够健全

河南是人口和教育大省，但也是高等教育弱省，全省只有一所“双一流”建设高校，虽然有11所高校开设工业设计专业，27所高校开设产品设计专业，但只有2所高校的产品设计专业入选国家级一流本科专业建设点、1所高校的工业设计专业入选博士学位授权点，远不能满足河南省工业设计人才培养的需要。同时，河南省缺乏健全的创新人才培养、激励、评价等制度体系，导致工业设计人才流失严重。

（二）对策建议

1. 强化认识，实施工业设计引领工程

强化发展工业设计的举措对于工业强省的建设起到了引领作用，从省级层面出台工业设计发展规划和指导意见，制定促进河南发展工业设计的相关政策性文件，健全发展工业设计的制度体系，敦促各级政府加大工业设计的资金投入力度、支持工业设计发展的政策措施。

2. 健全体系，加大工业设计人才培养引进力度

通过高校加大工业设计人才培养力度，在优化工业设计人才培养体系的同时，支持工业设计（产品设计）专业学科建设，鼓励高校、研究机构与企业联合建设工业设计平台与实训基地，加快培育工业设计产业发展的创新型人才。通过河南省人力资源和社会保障厅开展工业设计人才的职称、资格和等级认证，强化人才管理，促进人才提升。通过制定相关人才政策，在留住人才的基础上不断引进国内外高水平工业设计专业人才，支撑河南省工业设计高质量发展。

3. 高度重视，科学布局工业设计平台建设发展

明确责任主体，制定进度计划，增强相关部门之间的相互沟通，研究解决河南省工业设计平台建设中的相关问题；制定相应的指导意见，落实工业设计平台建设的专项资金和政策支持力度，保证河南省工业设计平台建设的工作机制；科学布局河南省工业设计平台建设，围绕河南省工业发展规划，分领域、分地区有序推进工业设计平台建设，着力于建设装备制造、汽车、

信息、材料、食品等五大核心制造业高水平工业设计平台，服务于河南工业的高质量发展。

4. 丰富活动，塑造工业设计良好氛围

由政府主导、平台支持，定期举办具有河南特色的工业设计省级创新大赛，设立河南省工业设计奖；积极开展“河南省优秀工业设计人才及团体”评选，对河南省工业设计的发展做出突出贡献的先进个人与团体给予表彰与奖励；定期举办工业设计创新学术论坛及成果交流；鼓励河南企业与省内外及国内外知名工业设计高校、平台、机构联合建立协同机制，积极开展学术交流与设计研究，塑造河南省良好的工业设计发展氛围。

B.5 粤港澳大湾区工业设计发展报告（2020～2021）

刘 振*

摘 要： 全球经济进入指数经济时代，在世界四大湾区发展模式下，研究粤港澳大湾区“9+2”城市群的工业设计行业现状。通过分析订单指数、设计量指数、就业指数、需求指数、创新指数得出，粤港澳大湾区工业设计指数处于扩张区间，创新力走强，且生产扩张动力强劲，旨在为粤港澳大湾区产业高质量发展提出应对性策略。以当下产业发展问题为导向，就粤港澳大湾区工业设计行业发展中存在的问题提出了对策建议，即推进政府创新治理、逐步实现区域协同；提升创新设计动力、培养先进制造业集群；优化企业营商环境、激发产业发展活力等，旨在推进粤港澳大湾区制造业在面对“百年未有之大变局”和“第四次工业革命”两个重要历史时刻时，准确定位、少走弯路，实现高质量发展。

关键词： 工业设计 创新力 指数经济 产业布局 粤港澳大湾区

当下，面对错综复杂的国际经济形势，粤港澳大湾区现代工业及其设计

---

* 刘振，深圳市人大代表，深圳市工业设计协会执行会长，深圳市设计与艺术联盟常务副主席兼秘书长，国家首批高级工业设计师，高级工艺美术师，研究方向为工业设计、工艺美术和设计理论。

产业的发展面临前所未有的挑战。在此背景下，深圳市工业设计协会联合深圳大学聚焦粤港澳大湾区“9 +2”城市群工业设计行业，通过走访、问卷调查的形式，调研5000余家企业，搜集、整理、分析相关一手数据和信息，运用科学计算方法，获得粤港澳大湾区及中国4个“设计之都”① 工业设计指数。在此过程中，课题组以当下产业发展问题为导向，发现问题并提出相应对策建议，旨在推进粤港澳大湾区制造业在面对“百年未有之大变局”和“第四次工业革命”两个重要历史时刻时，准确定位、少走弯路，实现高质量发展。

一　粤港澳大湾区“9 +2”城市群工业设计行业整体背景

工业设计作为文化、科技和经济深度融合发展的产物，凭借其独特的发展模式、产业价值以及广泛的渗透力、带动力、影响力和辐射力，已成为现代全球经济和产业发展的助推器，其行业发展规模与影响程度同国家或地区经济总量成正比关系，即经济总量越高、工业设计产业发展程度就越好，进而成为衡量一个国家或地区综合竞争力的重要标志。

从图1可以看出，2019年粤港澳大湾区的GDP是1.64万亿美元，旧金山湾区的GDP是0.78万亿美元，纽约湾区的GDP是1.66万亿美元，东京湾区的GDP是1.77万亿美元。粤港澳大湾区的GDP已经接近东京湾区。

作为世界“四大湾区”之一，中国的粤港澳大湾区在2019年的经济发展差异性较大。其中，深圳、广州、佛山、东莞、珠海的经济实际增速都超过了全国水平（即超过6.1%），而香港特别行政区、澳门特别行政区却是负增长。

2019年，深圳市加强了经济领先优势，全年完成的名义GDP接近2.70万亿元；香港特别行政区的经济实际下降了1.2%，完成的名义GDP为

① 联合国教科文组织分别于2008年、2010年、2012年、2017年授予中国的深圳市、上海市、北京市、武汉市——创意城市网络“设计之都”的称号。

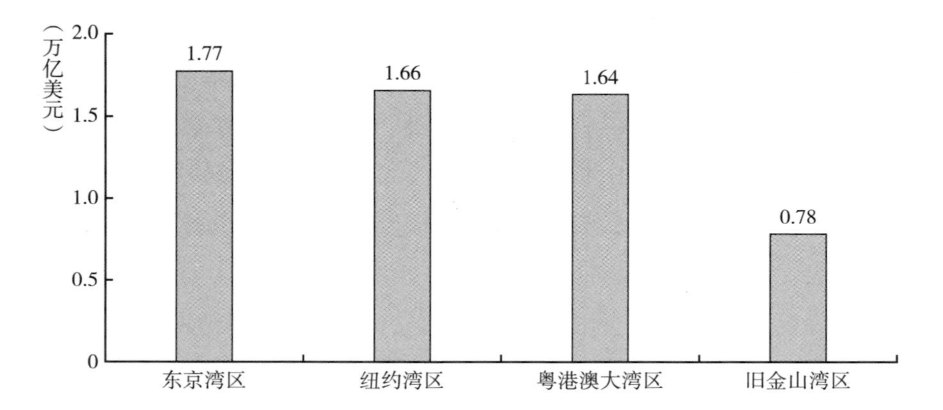

图1　2019 年世界“四大湾区”GDP 情况

资料来源：《不仅是一份报告，更是未来的方向——2019 年粤港澳大湾区工业设计指数发布!》，https：//mp. weixin. qq. com/s/KhP1HtPEZ8UlPi8QwuFylw。

2. 52 万亿元，比深圳市低了近 0. 18 万亿元；广州市完成的名义 GDP 为 2. 36 万亿元，在区域内继续排第三名。佛山市完成的名义 GDP 突破了 1. 00 万亿元，成为粤港澳大湾区第四个“万亿元城市”，同时也是中国内地第 17 个 GDP 超万亿元的城市。

二　粤港澳大湾区“9 +2”城市群工业设计行业分析

（一）工业设计企业注册数量年均增长率

如图 2 所示，从 1999 ~2019 年粤港澳大湾区工业设计企业注册情况来看，年均增长率在 2001 年达到最低，且存在负增长，为 -20. 59%。随后，年均增长率从 2002 年开始逐步提高。到 2008 年，年均增长率又下降到低点，达到 -16. 53%，随后几年，年均增长率稳步上升，直到 2013 年达到峰值，即 105. 13%，是近 10 年来的最大值。近 20 年，粤港澳大湾区工业设计企业注册数量主要经历了以下五个阶段：①1999 ~2007 年，工业设计企业注册数量增速不断上下波动；②2008 ~2009 年，受金融危机影响，工业设计企业

注册数量增速呈下降趋势，连续两年出现负值；③2010～2013年，工业设计企业注册数量增速存在明显上升趋势，特别是2013年增速达到最高点；④2014～2017年，工业设计企业注册数量增速逐渐趋于稳定；⑤2018年和2019年增速连续两年呈现下降趋势，但增速依旧在10%以上。

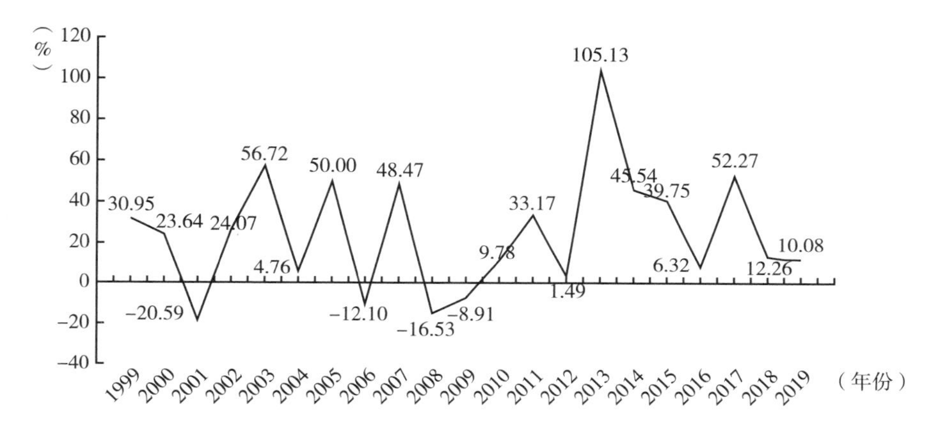

图2　1999～2019年粤港澳大湾区工业设计企业注册数量年均增长率

资料来源：《不仅是一份报告，更是未来的方向——2019年粤港澳大湾区工业设计指数发布！》，https：//mp.weixin.qq.com/s/KhP1HtPEZ8UlPi8QwuFylw。

（二）工业设计企业数量分布

表1显示，近20年来，粤港澳大湾区部分工业设计企业数量达到5127家。其中，第一梯队城市深圳占总数的63.60%，达到3261家，广州居第二位，共计1139家。第二梯队城市东莞与佛山的工业设计企业共计535家，超过总数的10%。第三梯队城市珠海、惠州、中山、江门、肇庆的工业设计企业数量分别是58家、50家、44家、26家和14家，占总数的3.74%。①

① 说明：第一梯队城市为深圳、广州；第二梯队城市为东莞、佛山；第三梯队城市为珠海、惠州、中山、江门、肇庆。

表 1　2019 年粤港澳大湾区部分工业设计企业数量

单位：家

地　区	企业数量	地　区	企业数量
深　圳	3261	惠　州	50
广　州	1139	中　山	44
东　莞	309	江　门	26
佛　山	226	肇　庆	14
珠　海	58		

资料来源：《不仅是一份报告，更是未来的方向——2019 年粤港澳大湾区工业设计指数发布!》，https：//mp. weixin. qq. com/s/KhP1HtPEZ8UlPi8QwuFylw。

（三）工业设计企业的性质与人员结构

从工业设计企业性质来看，全部企业中，外资控股的企业占 2%，民营全资企业占 45%，民营控股企业占 21%，国有及国有控股企业占 32%（见图 3）。从工业设计企业人员学历构成情况来看，研究生及以上学历人数占比低于 10%，本科学历人数占比超过 70%，专科学历人数占比为 21.5%（见图 4）。

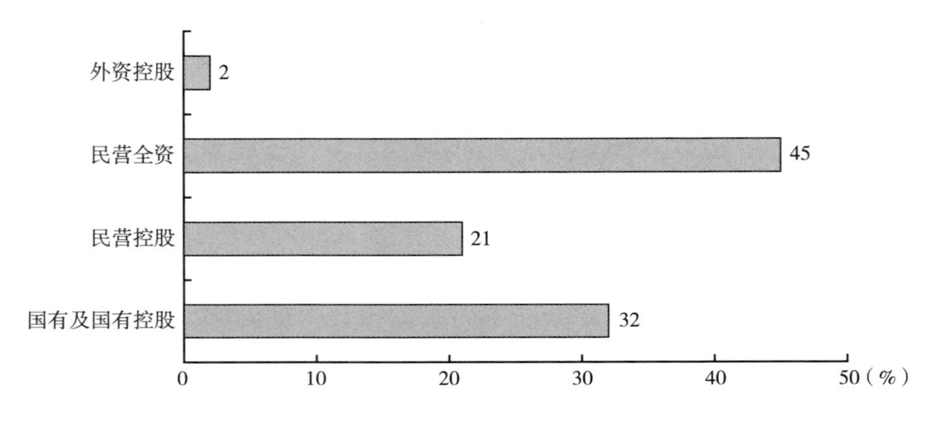

图 3　2019 年粤港澳大湾区工业设计企业性质

资料来源：《不仅是一份报告，更是未来的方向——2019 年粤港澳大湾区工业设计指数发布!》，https：//mp. weixin. qq. com/s/KhP1HtPEZ8UlPi8QwuFylw。

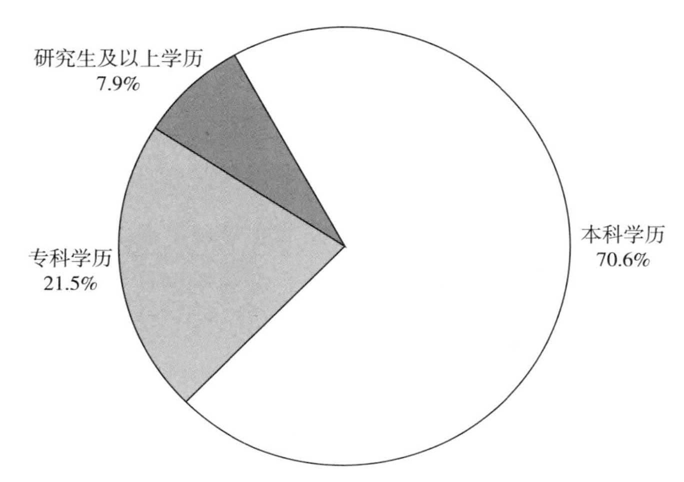

图4　2019年粤港澳大湾区工业设计企业人员学历构成情况

资料来源：《不仅是一份报告，更是未来的方向——2019年粤港澳大湾区工业设计指数发布！》，https：//mp. weixin. qq. com/s/KhP1HtPEZ8UlPi8QwuFylw。

（四）工业设计企业区域分布情况

根据调查数据，工业设计企业主要分布在深圳、广州和香港三座城市，约占企业总数的91%。[①] 其中，深圳的工业设计企业数量占比最高，约占"9+2"城市群工业设计企业的50%，达到3261家；深圳的企业主要分布在南山区和福田区，占深圳地区工业设计企业总量的55%，其他区域如龙岗区、宝安区、龙华区、罗湖区的工业设计企业数量依次递减。广州的工业设计企业主要在天河区，占30%；番禺区、海珠区、越秀区、白云区的工业设计企业数量依次递减。香港特别行政区的工业设计企业主要分布在湾仔、九龙和油尖旺地区。

（五）工业设计企业经营业务范围

通过此次调查发现，粤港澳大湾区工业设计企业经营业务领域不断拓

① 深圳市设计与艺术联盟：《不仅是一份报告，更是未来的方向——2019年粤港澳大湾区工业设计指数发布！》，2020年8月17日，https：//mp. weixin. qq. com/s/KhP1HtPEZ8UlPi8QwuFylw。

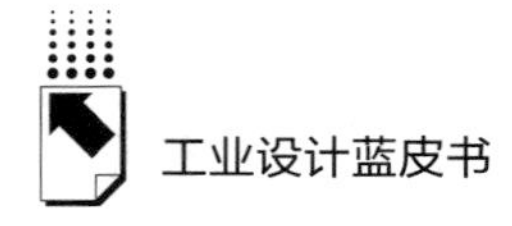

展，结合工业、制造业丰富设计行业，且形成夯实的发展基础。其经营业务的范围呈现产业交叉融合、跨界发展态势。一方面，工业设计企业经营业务范围灵活、广泛。另一方面，经营业务范围主要由室内装饰设计逐步向数码电子设计、房屋建筑工程设计等价值链高端环节拓展，粤港澳大湾区的设计产业链已经向上游的产品开发和下游的制造业领域扩展，并尝试创建自有品牌，有创新实力的企业纷纷加强工业设计中心的建设（见图5）。

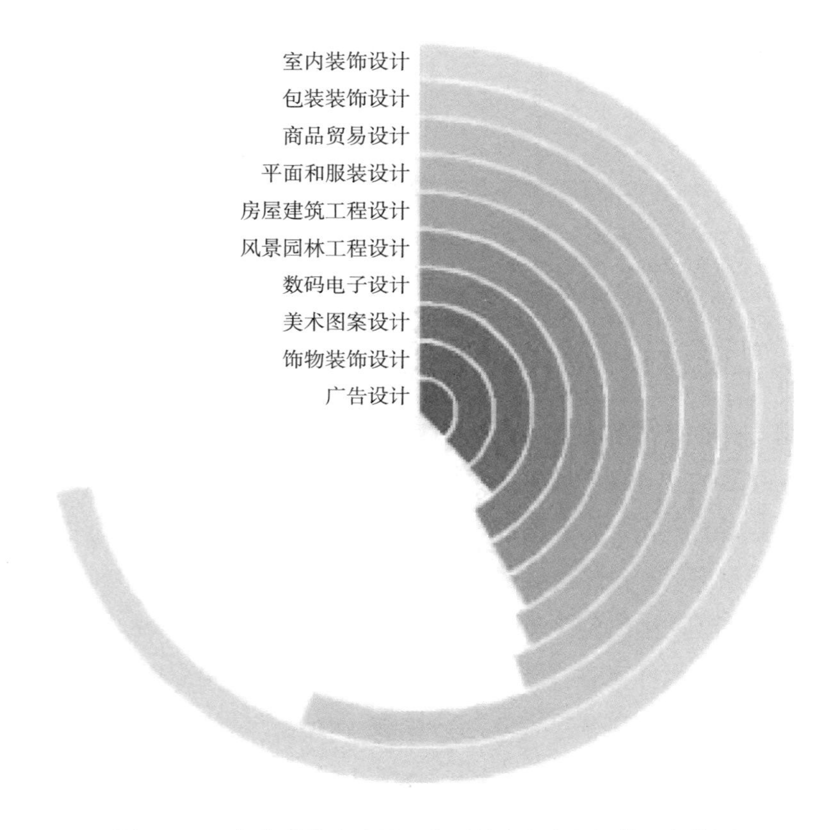

图5　2019年粤港澳大湾区工业设计企业主要经营业务范围

资料来源：《不仅是一份报告，更是未来的方向——2019年粤港澳大湾区工业设计指数发布！》，https：//mp. weixin. qq. com/s/KhP1HtPEZ8UlPi8QwuFylw。

粤港澳大湾区工业设计企业不断开拓新的设计领域，如深圳不断开拓珠宝、奢侈品、平面及服装设计；广州主要在设计教育以及完善的设

计支撑体系方面不断探索；东莞主要提供模型制作、抄数设计等配套服务。近年来，粤港澳大湾区工业设计企业的经营业务范围正在逐年快速提升，充分展示了粤港澳大湾区设计与科技创新相互融合、共同促进的良好势头。①

（六）四大“设计之都”工业设计企业增速对比

“设计之都”是联合国教科文组织推出的一个项目。2004年10月，联合国教科文组织成立了创意城市网络，旨在发挥全球创意产业对经济社会的推动作用，促进世界各城市之间在创意产业发展、专业知识培训、知识共享等方面的交流合作，共分为“设计之都”“文学之都”“电影之都”等7个领域。2017年11月1日，经联合国教科文组织评选批准，武汉市正式被授予创意城市网络“设计之都”的称号，成为继深圳、上海、北京之后的中国第四个“设计之都”。

通过工业设计企业的增速情况，本部分将四大“设计之都”的发展情况进行比较。

如图6所示，北京市工业设计企业起步较早，发展较好，一直处于快速发展的态势。2003年之后，深圳、北京的工业设计企业数量开始快速增长，特别是从2013年开始，深圳市工业设计企业迅猛发展。近两年，深圳市工业设计企业的数量远超北京。

如图7所示，上海市工业设计企业的发展起步较早，并且发展平稳。2006年之前，上海市工业设计企业的数量一直明显优于深圳市；2007年，深圳市工业设计企业数量大幅度提升，明显超过上海市；2008~2012年，深圳市工业设计行业逐年快速发展；2013年之后，深圳市工业设计企业开始迅猛发展，其工业设计企业的数量远超上海。

对比刚刚加入“设计之都”行列的武汉市，1997~2019年，其工业设

① 深圳市设计与艺术联盟：《不仅是一份报告，更是未来的方向——2019年粤港澳大湾区工业设计指数发布！》，2020年8月17日，https://mp.weixin.qq.com/s/KhP1HtPEZ8UlPi8QwuFylw。

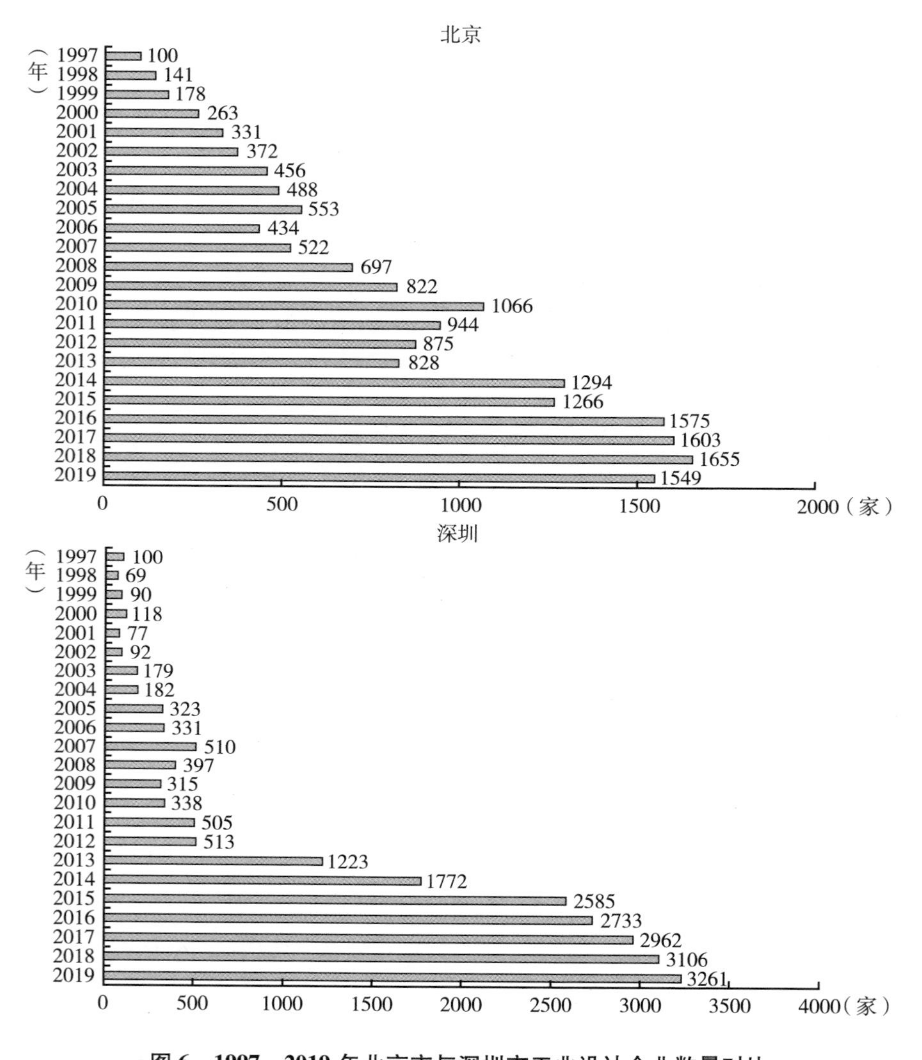

图6 1997～2019年北京市与深圳市工业设计企业数量对比

资料来源：《不仅是一份报告，更是未来的方向——2019年粤港澳大湾区工业设计指数发布!》，https：//mp. weixin. qq. com/s/KhP1HtPEZ8UlPi8QwuFylw。

计企业数量如图8所示，2005年之前，武汉市工业设计企业的数量超过深圳市；2006～2012年，深圳市工业设计行业逐年快速发展，其工业设计企业增长速度与武汉市近乎持平；2013年之后，深圳市工业设计企业的数量

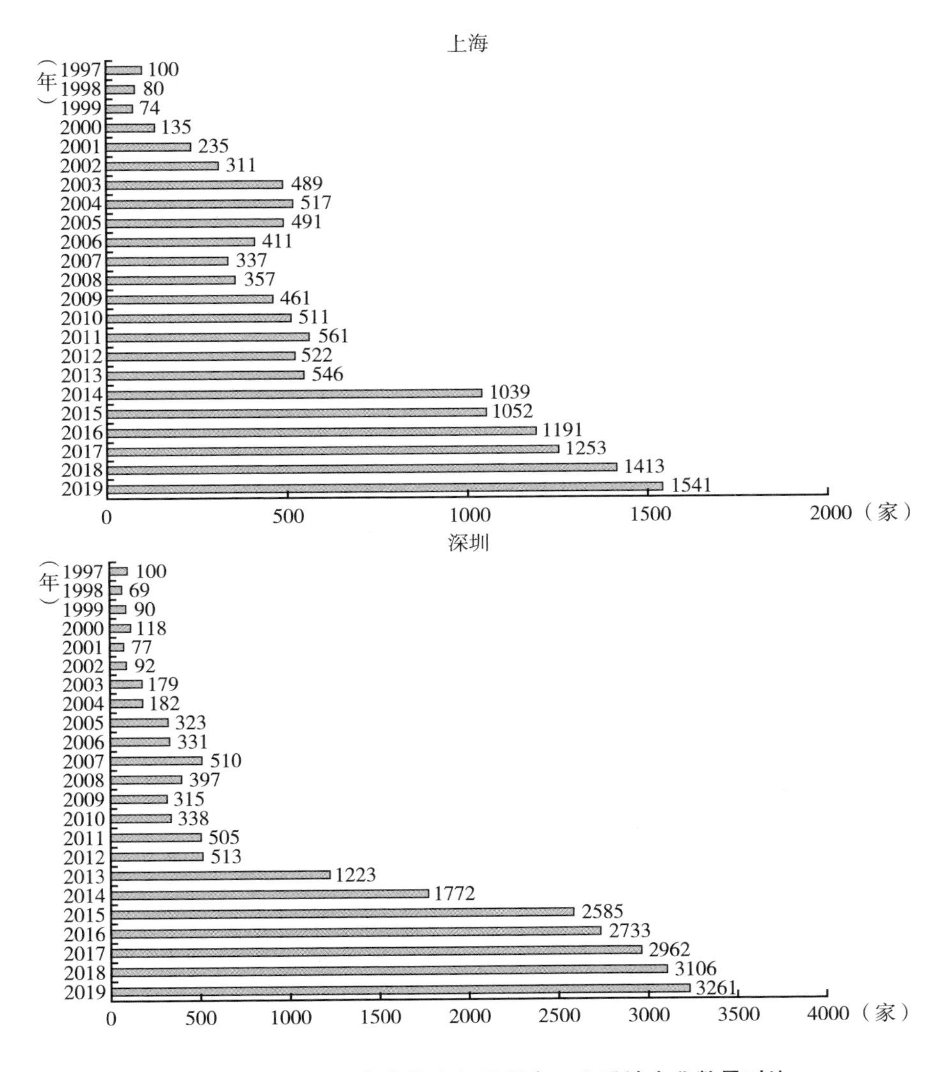

图 7　1997 ~2019 年上海市与深圳市工业设计企业数量对比

资料来源：《不仅是一份报告，更是未来的方向——2019 年粤港澳大湾区工业设计指数发布!》，https：//mp. weixin. qq. com/s/KhP1HtPEZ8UlPi8QwuFylw。

一直遥遥领先于武汉市。

综上所述，基于 1997 ~2019 年北京、上海、武汉与深圳工业设计企业数量的对比，我们发现：近四年，深圳市工业设计企业数量增长迅猛，远远

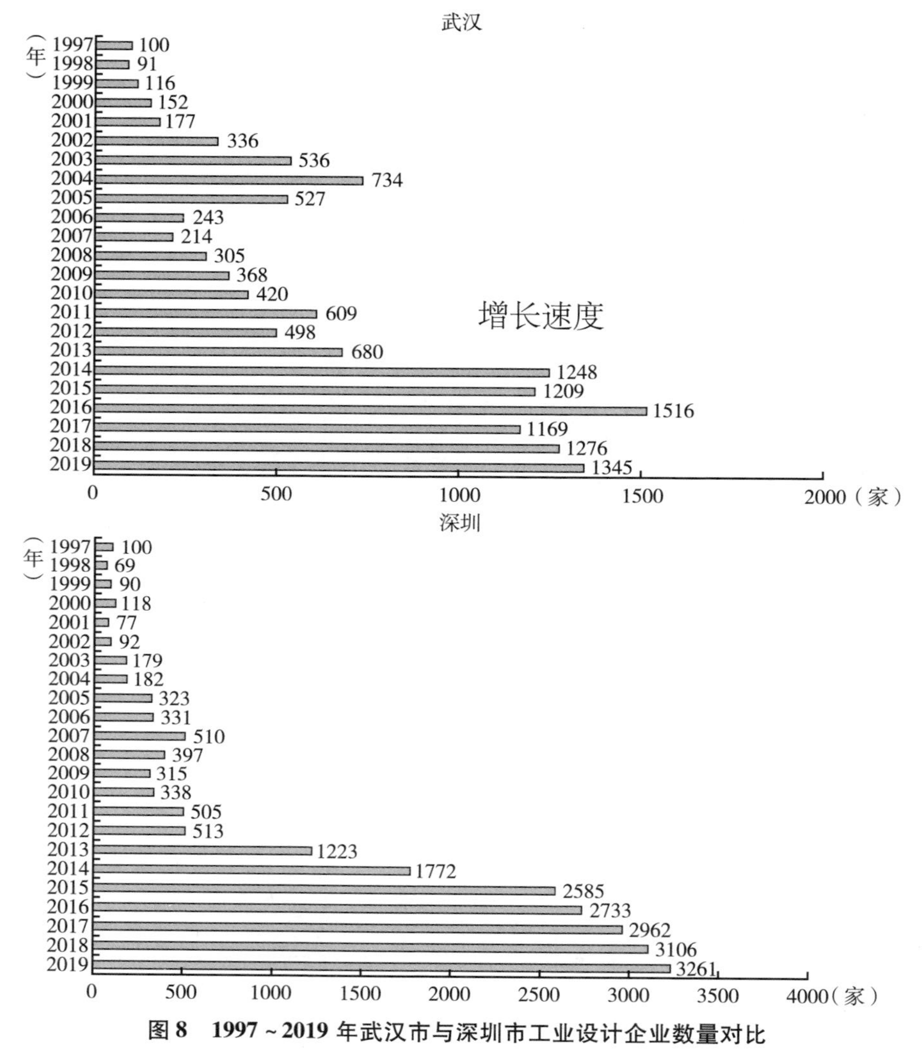

图 8　1997～2019 年武汉市与深圳市工业设计企业数量对比

资料来源：《不仅是一份报告，更是未来的方向——2019 年粤港澳大湾区工业设计指数发布!》，https：//mp. weixin. qq. com/s/KhP1HtPEZ8UlPi8QwuFylw。

超过了其他三个“设计之都”工业设计企业的数量；如图 9 所示，将北京、上海、武汉和深圳四座城市的工业设计企业数量取平均值，然后与深圳市进行对比，可以看出深圳市工业设计企业增速最快，进一步保持明显的高增速态势。

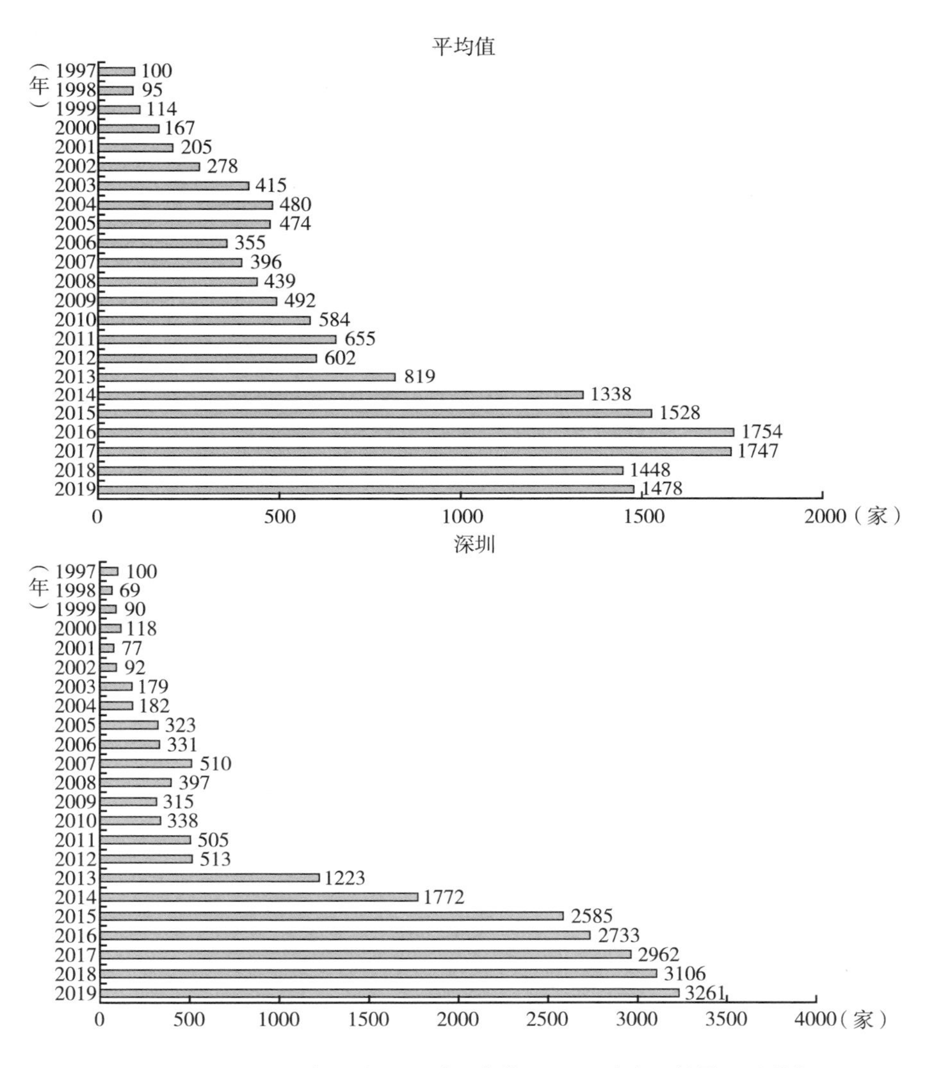

图 9　1997 ~ 2019 年四大“设计之都”工业设计企业数量平均值与深圳市工业设计企业数量对比

资料来源：《不仅是一份报告，更是未来的方向——2019 年粤港澳大湾区工业设计指数发布！》，https：//mp. weixin. qq. com/s/KhP1HtPEZ8UlPi8QwuFylw。

三　2019年粤港澳大湾区及其主要城市工业设计指数

（一）2019年粤港澳大湾区工业设计指数

2019 年，粤港澳大湾区工业设计指数为 56.07，工业设计企业总体继续运行在高位景气区间。其中，订单指数、设计量指数、就业指数、需求指数和创新指数分别为 54.14、54.69、52.67、56.67 和 62.18，均位于扩张区间，且生产扩张动力强劲。创新指数达到 62.18，持续高强度的科研投入和人才引进为粤港澳大湾区工业设计行业的创新提供了源源不断的能量。就业指数最低，但是仍在扩张区间。订单指数、设计量指数和需求指数分别为 54.14、54.69 和 56.67，说明粤港澳大湾区工业设计行业的供需两端同步走强，整个行业的上升动力强劲（见图 10、图 11）。

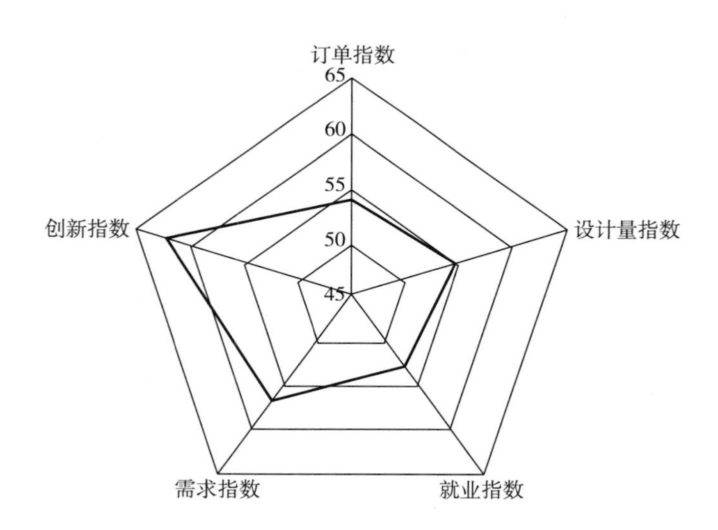

图 10　2019 年粤港澳大湾区工业设计指数总评价

资料来源：《不仅是一份报告，更是未来的方向——2019 年粤港澳大湾区工业设计指数发布!》，https：//mp. weixin. qq. com/s/KhP1HtPEZ8UlPi8QwuFylw。

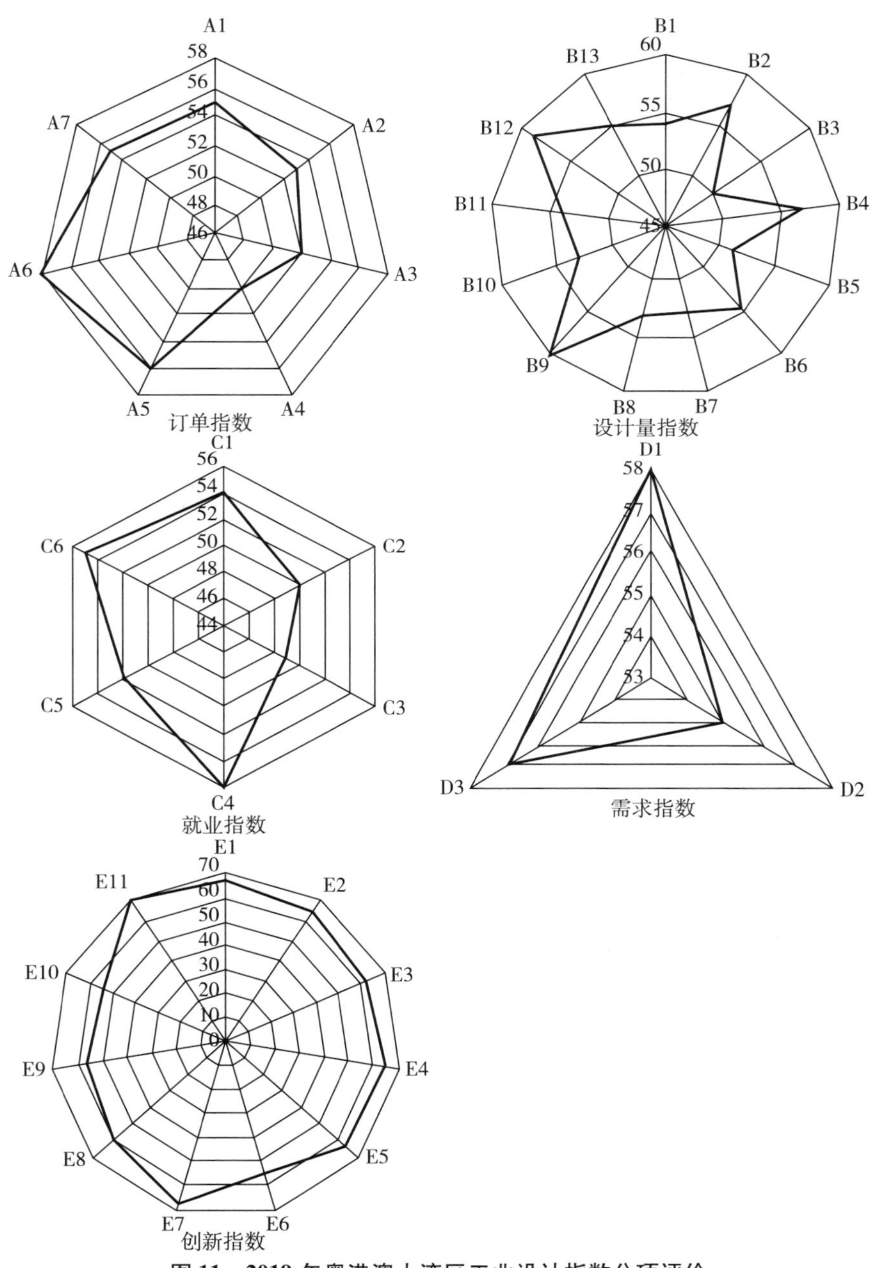

图 11　2019 年粤港澳大湾区工业设计指数分项评价

资料来源：《不仅是一份报告，更是未来的方向——2019 年粤港澳大湾区工业设计指数发布!》，https：//mp. weixin. qq. com/s/KhP1HtPEZ8UlPi8QwuFylw。

（二）2019年深圳市工业设计指数

2019 年，深圳市工业设计指数为 57.63，行业仍处于扩张阶段，整体扩张速度有所下降。其中，订单指数、设计量指数、就业指数、需求指数和创新指数分别为 55.26、56.73、54.44、58.21 和 63.53。其特色是，2019 年深圳工业设计企业的创新指数和需求指数同步走强。调查发现，超半数企业科技活动经费支出占产品销售收入的比例在 10% 以上，高强度的投入有利于企业的不断研发和创新，刺激企业不断推进发展，这种高强度的投入正是深圳工业设计企业创新活力的来源，带动了需求的增加，有利于行业未来的可持续发展（见图 12、图 13）。

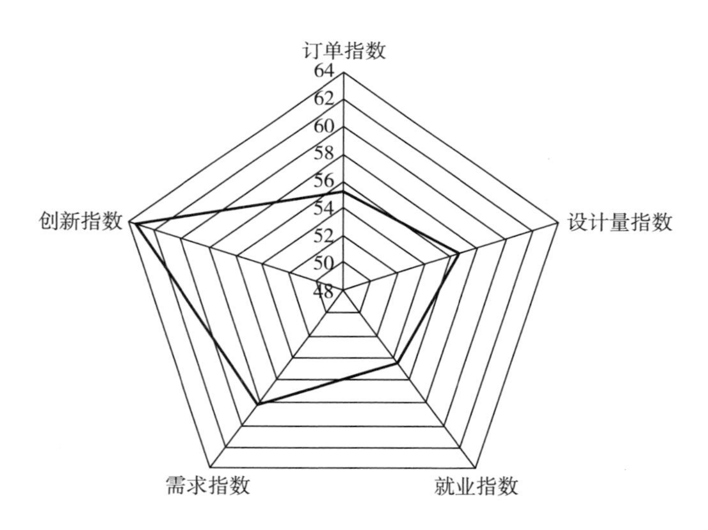

图 12　2019 年深圳市工业设计指数总评价

资料来源：《不仅是一份报告，更是未来的方向——2019 年粤港澳大湾区工业设计指数发布!》，https：//mp. weixin. qq. com/s/KhP1HtPEZ8UlPi8QwuFylw。

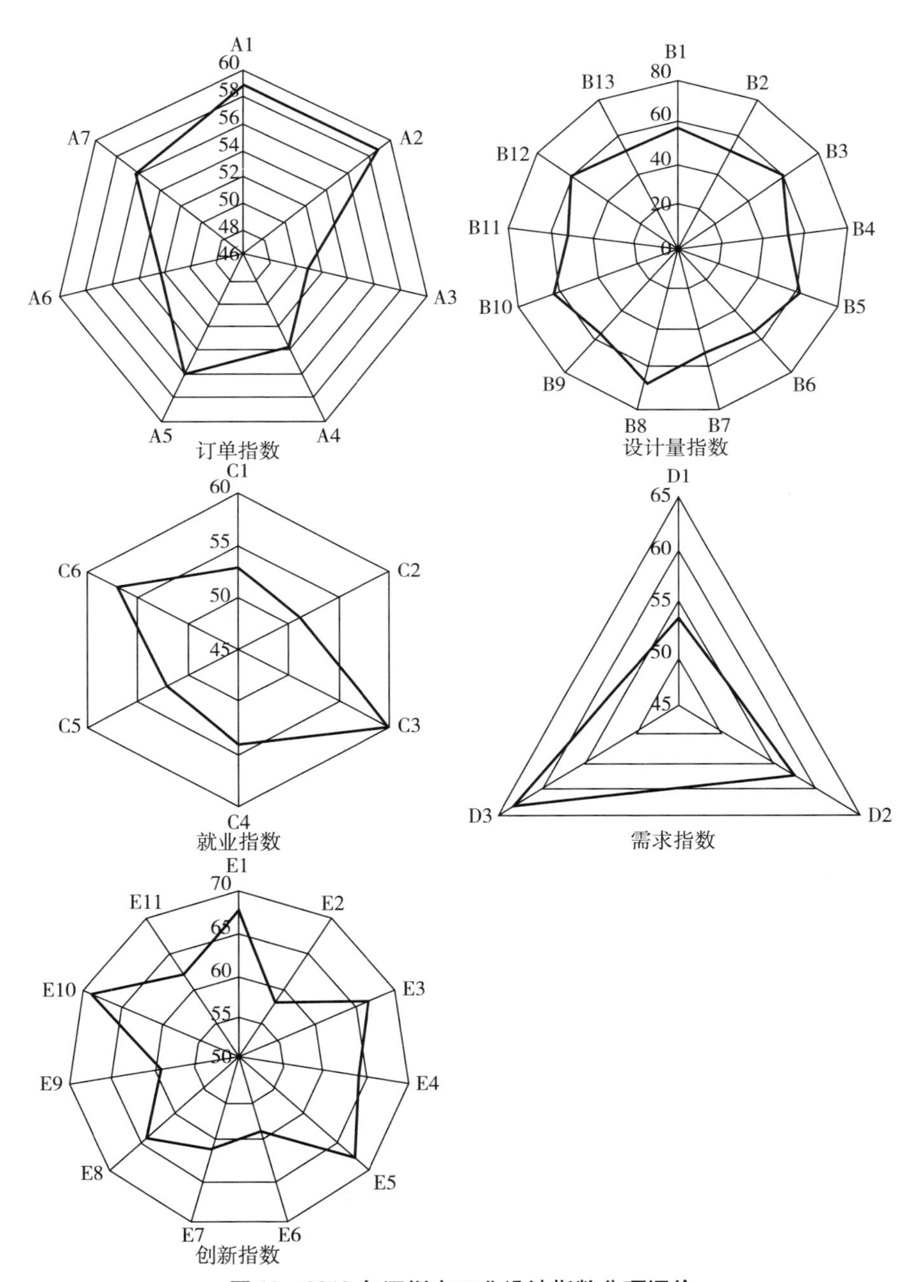

图 13　2019 年深圳市工业设计指数分项评价

资料来源：《不仅是一份报告，更是未来的方向——2019 年粤港澳大湾区工业设计指数发布！》，https：//mp. weixin. qq. com/s/KhP1HtPEZ8UlPi8QwuFylw。

（三）2019年广州市工业设计指数

2019 年，广州市工业设计指数为 53.20，工业设计行业整体处于扩张阶段。其中，订单指数、设计量指数、就业指数、需求指数和创新指数分别为 53.43、53.09、52.01、54.67 和 52.81。各分项指数差距较小，集中在 52～55。其中，需求指数最高，达到 54.67，这表明在 2019 年，广州工业设计行业的需求较同期是有较大提高的；同时，订单指数和设计量指数也有所提升；创新指数为 52.81，仍处于向好区间，但与深圳市和香港特别行政区比较，广州市工业设计行业的创新能力略显不足（见图 14、图 15）。

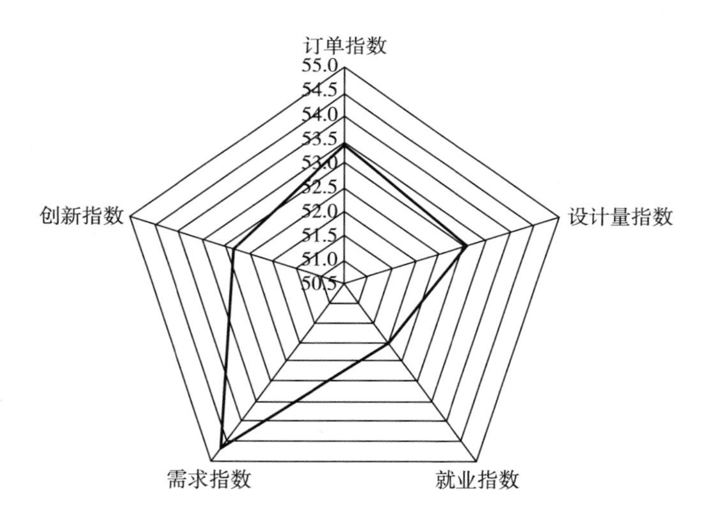

图 14　2019 年广州市工业设计指数总评价

资料来源：《不仅是一份报告，更是未来的方向——2019 年粤港澳大湾区工业设计指数发布!》，https：//mp. weixin. qq. com/s/KhP1HtPEZ8UlPi8QwuFylw。

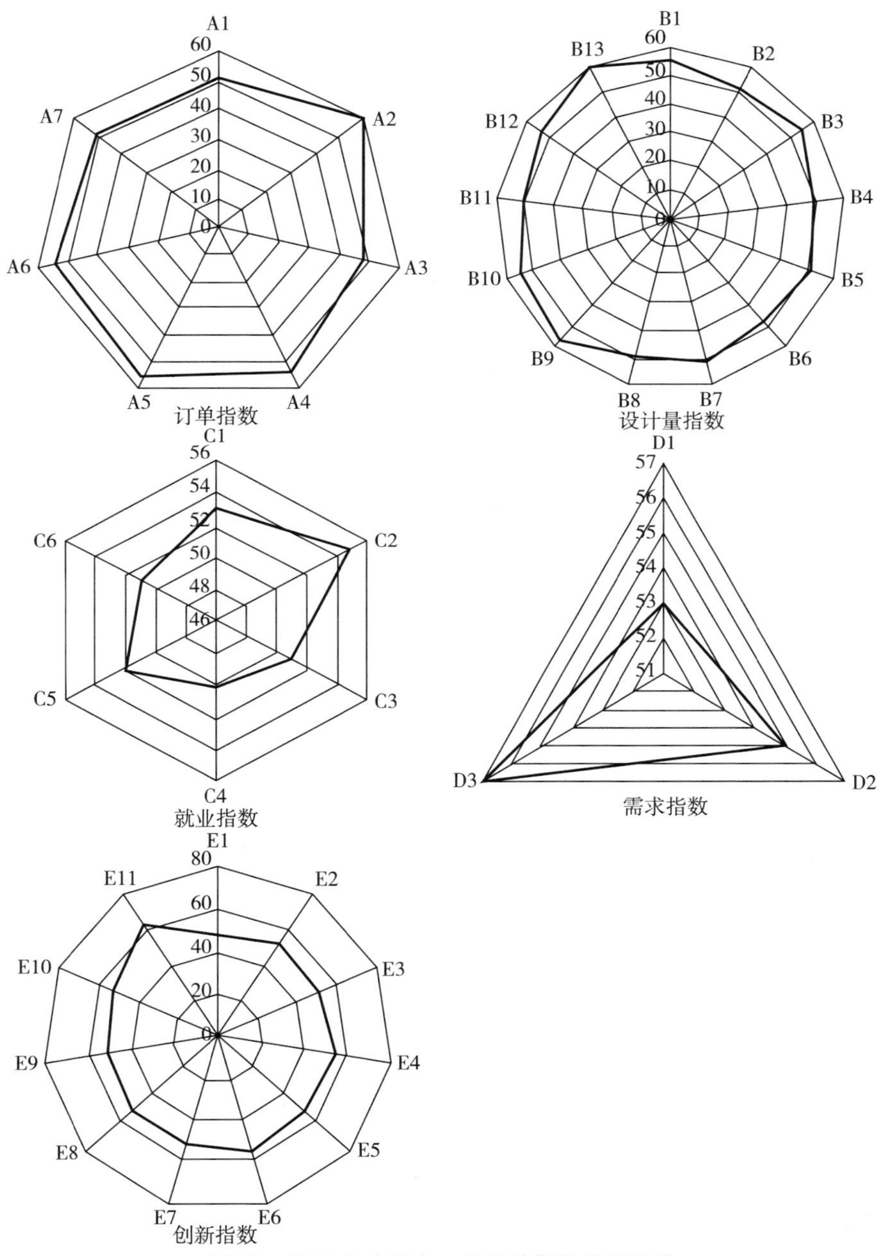

图 15　2019 年广州市工业设计指数分项评价

资料来源：《不仅是一份报告，更是未来的方向——2019 年粤港澳大湾区工业设计指数发布!》，https：//mp. weixin. qq. com/s/KhP1HtPEZ8UlPi8QwuFylw。

（四）2019年香港特别行政区工业设计指数

2019 年，香港特别行政区工业设计指数为 53.33，工业设计行业整体处于扩张区间。其中，订单指数、设计量指数、就业指数、需求指数和创新指数分别为 51.09、54.32、49.75、52.18 和 59.31。其中，创新指数为 59.31，表明香港特别行政区工业设计行业的创新能力快速增强；订单指数、设计量指数和需求指数都在 55 以下、50 以上，虽然仍在向好区间，但是要警惕不确定因素带来的不利影响；就业指数为 49.75，小于 50，这表明在 2019 年，香港特别行政区的工业设计行业在吸纳人才方面的能力是下降的（见图 16、图 17）。

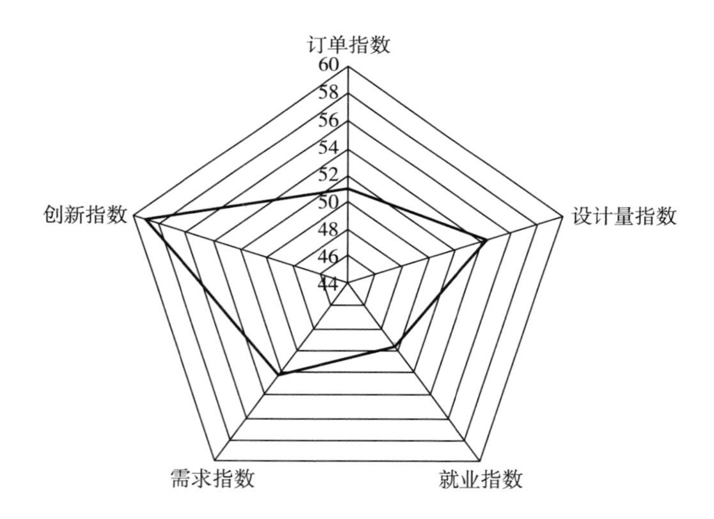

图 16　2019 年香港特别行政区工业设计指数总评价

资料来源：《不仅是一份报告，更是未来的方向——2019 年粤港澳大湾区工业设计指数发布！》，https：//mp. weixin. qq. com/s/KhP1HtPEZ8UlPi8QwuFylw。

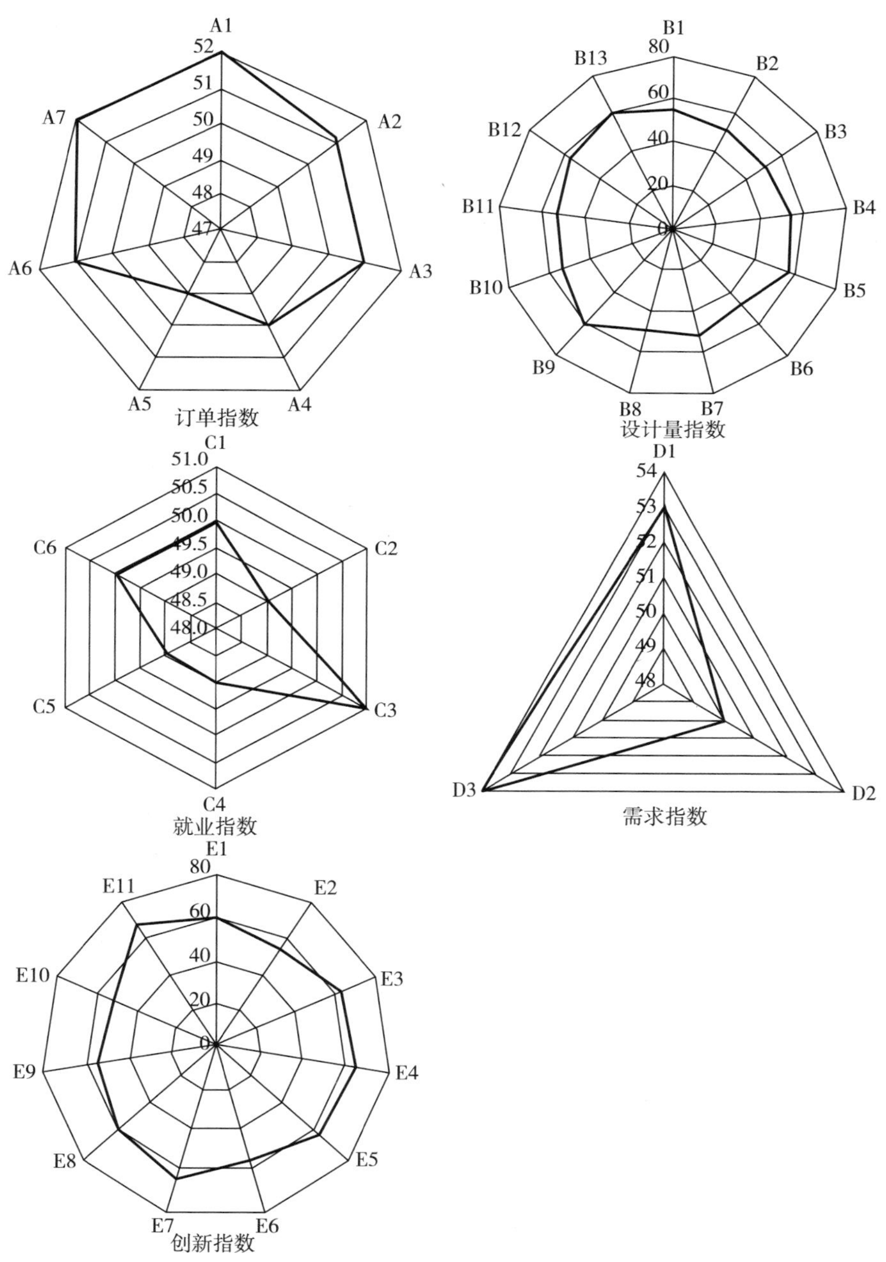

图 17　2019 年香港特别行政区工业设计指数分项评价

资料来源：《不仅是一份报告，更是未来的方向——2019 年粤港澳大湾区工业设计指数发布!》，https：//mp. weixin. qq. com/s/KhP1HtPEZ8UlPi8QwuFylw。

四　2019年粤港澳大湾区工业设计行业发展存在的主要问题及对策建议

综上所述，依据2019年粤港澳大湾区工业设计行业的综合发展情况和动态趋势，课题组提出五个问题及相应的对策建议。

第一，粤港澳大湾区总体发展态势良好，但内部三个梯队城市的发展差距仍较大，要素资源的跨境流动存在障碍。对策建议：推进政府创新治理，逐步实现区域协同。充分发挥“9+2”城市群交通衔接的优越性，着力通过体制机制创新加快促进要素资源的跨境流动，改变东强西弱格局，形成功能互补、分工合理的协同体系；依托大数据战略，推进政务公开，打通信息孤岛；搭建粤港澳大湾区城市公共平台，打破信息壁垒，以“数据驱动”为核心支撑资源优化利用。

第二，粤港澳大湾区的制造业基础得天独厚，但创新短板较为突出，内部发展存在同质化竞争，产业结构调整迫在眉睫。对策建议：提升创新设计动力，培养先进制造业集群。培育粤港澳大湾区创新设计研究院，并加快促进城市之间人才自由流动；发挥第一梯队城市在创新技术、平台渠道等方面的优势，结合第二、第三梯队城市的工业制造基础，实现“设计”与“制造”环节的高效对接，培养发展先进制造业集群。

第三，工业设计是推动粤港澳大湾区制造业高质量发展的新着力点，“大数据+知识产权”将成为推动制造业升级与技术创新的新动力。对策建议：构建粤港澳大湾区工业设计创新联盟，探索大数据环境下技术创新。加快建立工业设计行业的知识产权保护协同机制，推动科技成果转化和国际技术转让；深入研究大数据环境下技术创新的新变化与新思路，思考并探索如何让粤港澳大湾区技术创新工作迅速适应大数据环境，并有效促进企业的技术创新发展。

第四，国内经营环境不断改善，粤港澳大湾区应借此东风争取更大的改革空间，率先营造更加开放、优越的营商环境。对策建议：优化企业营商环

境，激发产业发展活力。借鉴硅谷的发展经验，建立与风险投资相关的健全的法律制度、金融与科技创新相结合的科技金融支持体系，激发民营企业的发展活力。

第五，未来，全球将进入以制造业为核心抢占科技制高点的激烈竞争时代，粤港澳大湾区面临的竞争压力前所未有。全球经济增速放缓和贸易壁垒的增加使得对外贸易获取利润难以为继，同时在税负、环境、能源等压力下，缺乏关键技术的工业企业将面临大规模倒闭或转型。对策建议：加大科技投入，打造智能制造高地。鼓励科技创新及提升科技水平，出台相关的利好政策与激励机制，积极引导粤港澳大湾区制造业实现转型升级；依托大数据、人工智能、物联网技术，着力研发以市场需求为导向的高端、精准、智能制造业，带动传统制造向高端制造升级。

参考文献

贾巍杨：《信息时代建筑设计的互动性》，博士学位论文，天津大学，2008。

唐绪军、黄楚新、王丹：《“5G +”：中国新媒体发展的新起点——2019 ~ 2020 年中国新媒体发展现状及展望》，《新闻与写作》2020 年第 7 期。

王效杰：《产品整合设计模式及其应用研究》，《艺术探索》2009 年第 2 期。

朱锦雁：《建筑与当代公共艺术的跨界设计现象分析》，《明日风尚》2018 年第 11 期。

李四达：《交互设计概论》，清华大学出版社，2009。

柳沙：《设计心理学》，上海人民美术出版社，2009。

〔美〕乔治 · H. 马库斯：《今天的设计》，张长征、袁音译，四川人民出版社，2010。

周宪：《视觉文化的转向》，北京大学出版社，2008。

Varsha Khare, Sanjiv Sonkaria, Gil-Yong Lee, “From 3D to 4D Printing-design, Material and Fabrication for Multi-functional Multi-materials”, *International Journal of Precision Engineering* and *Manufacturing-green Technology 4* (2017).

Uzair Khaleeq Uz Zaman et al, “Integrated Product-process Design: Material and Manufacturing Process Selection for Additive Manufacturing Using Multi-criteria Decision Making”, *Robotics and Computer-Integrated Manufacturing51* (2018).

Janet A. Harkness, Fons J. R. Van de Vijver, Peter Ph. Mohler, *Cross-Cultural Survey Methods* (New Jersey: John Wiley & Sons, Inc. , 2002).

B.6
深圳市工业设计发展报告（2021）

刘 振*

摘　要： 深圳的工业设计产业经历了30多年的发展，从依托市场之力的萌芽阶段到快速发展阶段，再到获得“设计之都”的殊荣；从国内领先到走向国际，深圳企业屡次斩获德国“红点奖”、德国“iF奖”，获国际奖项的数量连续多年居中国内地城市首位，其已经逐步走向成熟和稳健。完整的产业生态链、完善的人才培养体系以及政府产业扶持政策构成了深圳市工业设计繁荣发展的土壤。总的来说，2020年，深圳营造了良好的工业设计发展环境，社会组织充分发挥了指导作用。但工业设计作为制造业的前端，疫情之后担负着促进制造业健康有序发展的重任。应充分发挥深圳在“粤港澳大湾区、中国特色社会主义先行示范区”的驱动战略，要紧抓新能源、新材料、新一代信息技术等深圳战略新兴产业以及生命健康、机器人、可穿戴设备、智能设备等未来产业来进行布局，为行业谋得可持续发展动力。

关键词： 工业设计　设计产业　深圳

---

* 刘振，深圳市人大代表，深圳市工业设计协会执行会长，深圳市设计与艺术联盟常务副主席兼秘书长，国家首批高级工业设计师，高级工艺美术师，研究方向为工业设计、工艺美术和设计理论。

深圳，因设计而生，因设计而兴。深圳作为中国改革开放的前沿阵地、粤港湾大湾区核心城市、中国特色社会主义先行示范区，30 多年来，其工业设计产业经历了从萌芽到快速发展的阶段，形成了有利于工业设计发展的氛围及土壤。目前，深圳市已拥有 7 家国家级工业设计中心、57 家省级工业设计中心。深圳企业获得德国“红点奖”、德国“iF 奖”等国际大奖数量连续多年居中国内地城市首位，在深圳活跃着 6000 多家工业设计企业，从业人员超过 20 万人，占据全国近 70% 的市场份额。目前，深圳市工业设计企业年产值超百亿元，且每年以两位数的增长率高速增长，这一产业链创造的经济价值逾千亿元，工业设计企业强大的经济效益创造能力已显现。

工业设计产业是生产性服务业的重要组成部分，其发展水平是工业竞争力的重要标志之一。国际上一些大城市如伦敦等在实现工业化以后，都把发展工业设计产业作为推动经济增长的重要战略举措。作为中国第一座获得“设计之都”称号的城市，深圳市在设计领域取得了突出成绩，其中以工业设计行业的发展尤为瞩目。依托粤港澳大湾区雄厚的工业、制造业发展实力以及完善的产业链配套，深圳市正积极打造国际化的工业设计集聚区。作为中国改革开放的先行地、试验田和排头兵，深圳始终是推动工业设计创新发展并取得显著成效的示范地区。

一　深圳市工业设计发展历程

在设计产业大潮的驱动下，深圳市工业设计行业大致经历了三个阶段。

第一阶段：20 世纪 80 年代，大量的“三来一补”贸易形式和“三资”企业、内联企业在深圳涌现，驱动了深圳的工业化进程。这一阶段，深圳市工业设计产业开始萌芽，陆续成立了一些早期的工业设计企业。

第二阶段：2003 年左右，深圳市提出打造“设计之都”的目标，一些制造业企业尝试通过自我设计来打造自有品牌，期待由来料加工或贴牌制造向自主生产转型，并开始建立设计研发部，招聘驻厂设计师，以此摆脱来料加工的束缚。工业设计企业的注册数量也开始稳步增加，每年约保持百家以内的数量攀升。

第三阶段：自2008年深圳市荣获“设计之都”称号后，许多企业如雨后春笋顺势而生，蓄力打造创新型的工业设计产品，也由此打开了深圳工业设计领域进一步对接国际化、高端化发展的大门。仅2013年，工业设计企业的注册数量就达到1223家。近10年来，深圳市工业设计行业的强势崛起使企业的注册数量也经历了一次跃升。

在各方面力量的合围之下，如今深圳市的工业设计发展已经颇有起色。有人说，深圳的努力使得20年前来自香港的创意流开始反向流动，许多设计师都选择在深圳工作。

深圳市工业设计产业高速发展，主要体现在以下几个方面。

（一）涌现众多优秀的工业设计企业以及优秀从业者

深圳市工业设计企业不仅拥有传统的龙头工业设计集团深圳市嘉兰图设计股份有限公司，以及浪尖设计公司、洛可可设计公司、深圳市鼎典工业产品设计有限公司、深圳市中世纵横设计有限公司、深圳市无限空间工业设计有限公司等，还涌现了一大批创新型工业设计企业，如深圳市路科创意设计有限公司、深圳市设际邹工业设计有限公司、深圳市上善工业设计有限公司、深圳市智加问道科技有限公司、深圳市矩阵工业产品设计有限公司、深圳市格外设计经营有限公司等。

深圳市工业设计协会从2016年开始评选深圳市工业设计十佳公司，从企业综合能力、成长性、创新性进行评判，重点考核单位在上一年度的运营管理和经营状况等方面，评选出最优质的设计公司和最具发展力的设计公司，打造深圳设计品牌，提升设计品牌价值，进一步推动深圳设计品牌的发展，提升深圳设计品牌的价值，丰富深圳设计品牌的内涵。

此外，深圳市涌现了如罗成、孙磊、王永才、陈向锋、张建民、陈兴博

等一批代表性的人才，以及李博、魏民、张九洲、邹镇孟、刘湘铖、邓雨眠等一批新锐设计师。

（二）深圳市工业设计企业多次获得国际奖项

表1、表2展示了自2012年以来深圳市工业设计企业获得德国“iF奖”和德国“红点奖”的情况。2016年，获德国“iF奖”、德国“红点奖”共计110项，同比增长50.5%；2017年，获德国“iF奖”147项；2018年，获德国“iF奖”198项。获奖产品有3D牙科扫描仪、空影无人机、Mooyee智能迷你按摩器、智能音箱灯、阿尔法蛋智能机器人等产品。

表1　2012～2018年深圳市工业设计企业荣获德国“iF奖”情况

年份	2012	2013	2014	2015	2016	2017	2018
获奖数量（项）	14	25	38	42	63	147	198
占全国获奖总数比重（%）	—	—	31	27	27	36	34
全国排名情况	1	1	1	1	1	1	1

注：2012年、2013年占全国获奖总数比重数据缺失。
资料来源：深圳市工业设计协会。

2017年，深圳市工业设计企业获得德国“红点奖”85项，占全国获奖总数的24%，展现了深圳市工业设计企业与科技创新深度融合发展的成果，尤其是人工智能等新兴产业的兴起极大地推动了工业设计产品研发迭代，提升了技术含量。

表2　2014～2017年深圳市工业设计企业荣获德国“红点奖”情况

单位：项

年份	2014	2015	2016	2017
获奖数量	17	35	47	85

资料来源：深圳市工业设计协会。

（三）深圳市工业设计企业专利申请量持续快速增长

如图 1 所示，专利申请量是衡量创新能力的一项重要指标，体现了创新活动的产出能力。深圳市工业设计企业专利申请量持续增加，某种意义上诠释了深圳市工业设计企业创新发展取得的显著成效。同时，专利申请量的增加有助于提高企业竞争力和赢利能力。

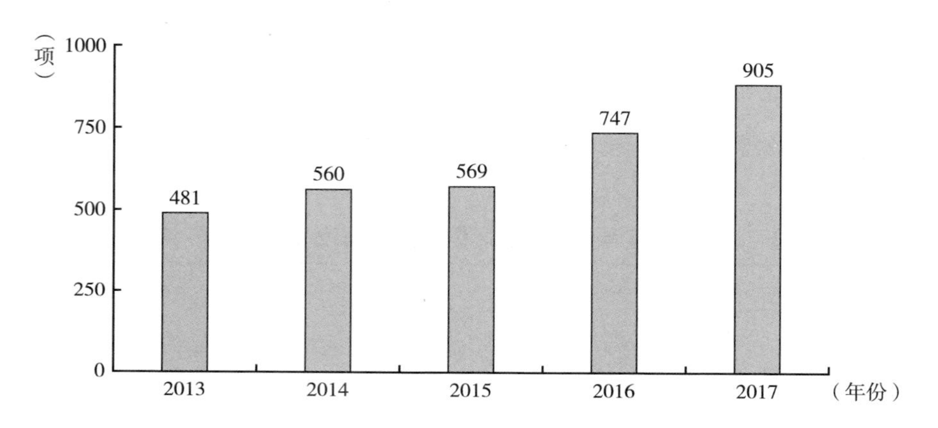

图 1　2013～2017 年深圳市工业设计企业专利申请量

资料来源：中国知识产权网，http：//www. cnipr. com/。

（四）政府规划与政策支持力度不断加强

2009 年 12 月，中共深圳市委、深圳市人民政府印发《中共深圳市委 深圳市人民政府关于促进创意设计业发展的若干意见》①，提出扶持创意设计业协会发展，重点扶持工业设计、平面设计、室内设计、建筑设计、服装设计、动漫设计、工艺美术等行业协会发展。

2011 年，深圳市人民政府发布《深圳市人民政府关于印发〈深圳文化

① 《中共深圳市委 深圳市人民政府关于促进创意设计业发展的若干意见》，中共深圳市委、深圳市人民政府，2009 年 12 月 18 日，http：//www. sz. gov. cn/zfgb/2009/gb678_ 1/content/post_ 4941568. html。

创意产业振兴发展规划（2011～2015年）〉的通知》[①]，提出“强化文化创意支撑”和“强化科技创新支撑”两大主攻方向，并指出大力发展工业设计，着力增强工业设计创新能力，支持拥有自主知识产权的工业设计成果产业化。鼓励企业整合创意设计、策划咨询等环节，设立企业设计中心或独立的创意设计企业，提供行业性、专业化的创意设计服务。

2012年12月，深圳市人民政府发布《深圳市人民政府印发〈关于加快工业设计业发展若干措施〉的通知》[②]，提出用5年时间努力将深圳打造成带动全省、辐射全国、面向全球的工业设计业集聚城市，并从提升工业设计业创新能力、推动工业设计业高端化发展、提高工业设计业国际化水平、构建工业设计业公共服务体系、强化工业设计业高端人才培养、优化工业设计业发展环境等方面提出具体措施。其中财政扶持力度加大，明确提出：自2013年起，深圳市每年在市产业转型升级专项资金和市文化创意产业发展专项资金中各安排5000万元（共1亿元），用于支持工业设计产业发展。

2018年9月，深圳市经济贸易和信息化委员会印发了《〈深圳市工业设计业发展专项资金管理办法〉的政策解读材料》[③]，明确规定了资金管理职责和分工，详细说明了扶持对象和使用范围、资助方式和标准、项目申报和审批、资金拨付和管理等细节。

2020年5月，深圳市出台《深圳市人民政府办公厅关于印发〈关于进一步促进工业设计发展的若干措施〉的通知》[④]，进一步完善深圳市工业设计创新发展支撑体系，培育工业设计骨干领军企业和领军人才，促进深圳市

---

① 《深圳市人民政府关于印发〈深圳文化创意产业振兴发展规划（2011～2015年）〉的通知》，深圳市人民政府，2011年11月14日，http://www.sz.gov.cn/zfgb/2011/gb764/content/post_4967900.html。

② 《深圳市人民政府印发〈关于加快工业设计业发展若干措施〉的通知》，深圳市人民政府，2012年12月17日，http://www.sz.gov.cn/zfgb/2012_1/gb816/content/post_4942178.html。

③ 《〈深圳市工业设计业发展专项资金管理办法〉的政策解读材料》，深圳市人民政府，2018年9月25日，http://www.sz.gov.cn/zfgb/zcjd/content/mpost_4980404.html。

④ 《深圳市人民政府办公厅关于印发〈关于进一步促进工业设计发展的若干措施〉的通知》，深圳市人民政府，2020年5月21日，http://www.sz.gov.cn/cn/xxgk/zfxxgj/tzgg/content/post_7572874.html。

工业设计高质量发展，更好地发挥工业设计对深圳市制造业转型升级和提质增效的引领作用。

二　深圳市工业设计发展现状

随着全球化和信息化对人类社会的影响不断扩展与深化，创新设计正成为促进产业结构调整和转型升级的重要抓手，成为推动经济社会可持续发展的关键手段之一。深圳开放、国际化的城市气质和越来越浓厚的设计氛围，吸引工业设计创新人才聚集，在这个需求越来越细致、品味越来越多样的环境里，新的商业模式不断创造出来，从而助力整个城市的创新发展。

对比深圳、上海、北京、武汉四个“设计之都”的工业设计指数，并考虑工业设计企业数量以及从业人员数量等情况，发现深圳市在2016年已经建立了超越式发展格局，处于全国领先地位。2018年，夏季达沃斯论坛的核心主题是“在第四次工业革命中打造创新型社会”，这一主题将工业革命的核心要义聚焦在创新的原点上。工业革命在新的科学理论指引和技术应用驱动下，会出现相应的新型生产工具和现实场景，并推动社会生产生活方式发生重要变革，进而推动工业设计理念的发展。从以“产品”为核心，到以“用户”为核心，再到以“人的物质和精神需求”为核心，转向如今以“创造人类更加美好的生活和创造一个更加美好的世界”为核心，工业设计的定义正在走向一个新的高度。深圳市正积极打造国际化的工业设计集聚区，引导工业设计行业往“产业价值链高端化”的方向延伸发展。

工业设计创新能力与科技创新能力一样，代表国家的工业发展水平，是工业发展的关键环节和核心竞争力。目前，中国已经成为世界制造业大国，工业设计有广阔的市场需求。深圳市发达的工业基础成为工业设计发展的深厚土壤，亟须深耕细作。从行业方向上看，依托粤港澳大湾区雄厚的工业制造实力，深圳市在器材制造业和电子设备制造业等方面拥有巨大优势，是工业设计朝智能化方向发展的有力推手。

深圳市工业设计企业的发展从以外观设计为主逐步向结构设计、功能设计、

工艺设计等价值链高端环节拓展，产业链已经向上游的产品开发和下游的制造业领域延伸。部分龙头设计企业向高端综合设计服务发展，例如浪尖设计公司依托供应链服务和模具设计优势，打造“D + M”全产业链设计创新服务平台；洛可可设计公司的业务涵盖商业策略、品牌设计等综合设计服务平台。

三　深圳市工业设计发展启示

深圳市工业设计企业能取得高速发展，主要有以下几个因素。

（一）良好的工业设计发展环境

从2003年起，深圳市便实施“文化立市”战略，并不断根据发展需要，发布促进文化创意产业、工业设计产业发展的相关政策，这从上层营造了促进工业设计企业发展的良好环境。

同时，深圳市作为改革开放的前沿阵地，其高度市场化为工业设计企业的创建提供了成长的土壤；城市包容性营造了思想自由的氛围，促进了创新思维的融入，让设计理念与国际一线城市接轨。

（二）深圳社会组织充分发挥指导作用

深圳社会组织为促进工业设计企业的健康成长、维持稳中有序的行业发展发挥了指导作用。深圳市工业设计协会于1987年成立，多年来专注工业设计领域，推动深圳工业设计产业快速发展，以推动深圳工业设计产业进步与发展为己任，积极促进设计价值转化，坚持开拓创新，与设计企业团结共进，开展了一系列有影响、有成效的设计推广活动。如中国智造·深圳设计创新商年展、中国（深圳）国际工业设计周、全国设计师大会、光华龙腾奖·深圳市设计业十大杰出青年评选、粤港澳大湾区“9 + 2”城市群工业设计指数调研、国际CMF设计大会，辐射整个粤港澳大湾区及全国，引领“设计之都”深圳从“中国制造”走向“中国创造”。此外，深圳市工业设计协会为了提高深圳市工业设计企业发展水平，推动工业设计产业发展，积极与美国、英国、德国、意大利等工业设计产业比较发达的国家开展交流与合作，提升设计国际化水平。

（三）充满活力、勇于创新、聚集人才

深圳是充满活力的土壤，充满着激情，拥有源源不断的社会力量，整个深圳的气场充满了勇于创新的能量。它促使工业设计产业快速发展，将各行业的创新融在一起。

深圳地区的高校如深圳大学、南方科技大学、深圳职业技术学院等均开设了工业设计专业，主要培养工业设计人才。此外，深圳市还有全国首个“设计商学院”，其目标是培养拥有设计思维与商业思维的复合型高端人才，因此，也称其是培养设计驱动创新型企业高管的“黄埔军校”。

四　深圳市工业设计的未来

2020 年初暴发的新冠肺炎疫情将对世界产业格局产生巨大影响。工业设计作为制造业的前端，担负着促进制造业健康有序发展的重任。作为中国工业设计集聚地的深圳，应充分发挥深圳在“粤港澳大湾区、中国特色社会主义先行示范区”的驱动战略，凝心聚力、转变思维，促进行业创新发展，为制造产业转型升级提供新引擎。

在疫情影响下，大健康、电子商务、电子政务、虚拟商务、线上教学等行业已经在寻求新的发展模式。互联网、人工智能、大数据等前沿技术将进一步向大众生活、企业经营、政府管理、教育培训等各个领域渗透和扩展。后疫情时代，医药电子商务、现代制造业、在线办公平台等将遇到空前的发展机遇，乃至会井喷；医疗、餐饮、交通运输、生物医学等行业的需求量也会显著上升。

深圳市工业设计的发展要紧抓新能源、新材料、新一代信息技术等深圳战略新兴产业以及生命健康、机器人、可穿戴设备、智能设备等未来产业来进行布局，为行业谋得可持续发展动力。

（一）信息技术促进大健康产业发展

在健康中国战略下，5G 技术对医疗的发展具有深远意义。5G 作为最新一代的移动通信技术，在医疗领域的应用不局限于远程手术，其超高速率、超低时延、超大链轨的显著特性，不仅可以保障数据画面的实时清晰传输，而且加快了大数据、云计算、人工智能等新一代信息技术的创新突破和集成应用。

5G 将会开启医疗新时代，工业设计领域要将 5G 技术与医疗相结合，研发创新型产品，促进大健康产业由以医疗为中心向以健康为中心发展，让医疗无边界。更多的优质医疗资源和知名专家学者将会为更多人服务。

（二）人工智能化的工业设计产品研发是新兴方向

随着大数据时代的到来，人工智能化产品层出不穷。《2017 中国人工智能人才报告》显示，深圳是贡献中国人工智能专利最多的城市之一。深圳具有包括机器人在内的完备的制造产业链，能为设计、开发人工智能系统提供得天独厚的条件。因此，深圳应该结合人工智能产业高地的优势，将人工智能技术与工业产品有机结合，实现二者相辅相成，推动技术成果转化落地。

（三）探索工业设计协同研发的创新型服务模式

有研发设计能力的企业承受高成本压力，没有研发设计能力的企业则承受着无技术、无竞争力的压力，这些都严重限制了企业的创新发展，没有持续的高成本投入就会被淘汰。因此，一种高效、共享的工业设计服务模式亟待建立，除了有利于打破服务信息壁垒，尽可能地整合利用工业设计资源、激发企业活力，还能实现需求与供给之间的高效对接、提升设计服务效率。可以说，服务平台一体化、行业信息去壁垒化是深圳工业设计产业发展的长期趋势。

工业设计往往具有行业专属性，但创新型的工业设计发展道路往往需要更多的跨界合作。除了打破同业间的信息不对称，同样有必要鼓励支持跨行业项目的协同合作，以此增强服务能力，提升设计思路的多元化和创新的多样性。

专题篇

Special Topics

B.7

中国工业设计发展现状与趋势（2021）

于 炜　赵雪晴*

摘　要：　近年来，中国工业设计发展步入快车道，成为创新驱动经济、社会转型发展的重要引擎。一方面，工业设计呈现蓬勃发展的繁荣态势；另一方面，受众多客观因素的影响，工业设计发展也存在着诸多问题。中国工业设计面临的主要问题有工业设计水平存在区域与行业发展不平衡、高精尖设计人才缺乏、设计人才培养体系不健全、设计知识产权缺乏有效保护、民族文化底蕴表现不足等。本文针对当前中国工业设计的发展趋势及问题进行具体阐述与分析，疫情下的工业设计于危机中

* 于炜，博士，教授，华东理工大学艺术设计与传媒学院副院长、交互设计与服务创新研究所所长，上海交通大学城市科学研究院院长特别助理、特聘研究员，泰国宣素那他皇家大学（Suan Sunandha Rajabhat University，简称 SSRU）设计学院特聘博士研究生导师，山西省森林生态绿色发展研究院执行院长，美国芝加哥设计学院（IIT Institute of Design，又名新包豪斯学院）客座研究员，全国文化智库联盟常务理事，核心期刊《包装工程》评审专家等，主要研究方向为工业设计原理与管理、交互创新与整合服务设计；赵雪晴，华东理工大学硕士研究生，研究方向为工业设计。

孕育着新的机会，要注重国际化和本土化的结合，培养复合型设计人才，不断提升中国工业设计的竞争力。

关键词： 工业设计 复合型人才 知识产权 生态设计

一 中国工业设计发展现状

（一）数字设计产业时代全面到来

“十三五”以来，从移动互联网的普及逐渐成熟，到如今工业互联网的迅猛发展，工业产品内涵及设计产业模式打破了以往以“规模 + 品牌”为核心的传统商业模式，正推动中国“数字设计产业”时代的全面到来。

1. 消费者主权回归，消费升级带来产品提质

中国社会发展进入新时代，随着人民不断提高对生活质量和生活美学的追求，消费者更加注重自主选择、自主定义甚至是自主创造产品，高品质、好设计逐渐成为消费主流。人民消费需求呈现追求个性化与标准化并存、智能化与尊重传统手工并存、场景化体验与网络化消费并存、品质化与简约化并存、品牌化与去品牌化并存的趋势①；消费结构不断优化，第一、第二产业的服务性特征明显增强，第三产业融合程度加深。

近年来，消费升级得到了国家的高度重视。2020 年 3 月，国家发展改革委、教育部、财政部等部门联合印发了《关于促进消费扩容提质加快形成强大国内市场的实施意见》（以下简称《意见》）。《意见》从市场供给（大力优化国内市场供给）、消费升级（重点推进文旅休闲消费的提质升级）、消费网络（着力建设城乡融合消费网络）、消费生态（加快构建“智

① 张景云、吕欣欣：《消费升级的现状、需求特征及政策建议》，《商业经济研究》2020 年第 7 期。

能+”消费生态体系）、消费能力（持续提升居民消费能力）、消费环境（全面营造放心消费环境）等六个方面促进消费扩容提质①，对当前消费环境进一步改善，对消费体系进一步完善，从而顺应消费升级的大趋势，推动强大的国内市场的形成。

2. 互联网重新配置创新要素，催生工业设计创新平台

工业互联网的发展打破了过去少数大企业对生产资料及创新要素的垄断，通过产业互联网平台，将技术、设计、人才、投资、生产、供应链、销售渠道等创新要素进行有效的组织和运营，促进了多种合作的衍生，构建了设计产业创新资源配置体系，打造了新的设计产业集群，进而推动工业设计的升级发展。

近年来，中国积极致力于建立网络化设计创新协同平台，大力推广众包、众创、众设乃至区块链等创新设计模式。2020 年 7 月 18 日，卡奥斯 COSMOPlat 工业互联网平台与中国工业设计协会、山东省工业设计研究院围绕着创建国家智能制造工业设计研究院、建立设计产业集群、建设全国工业设计人才平台等内容达成了战略合作，并签约共建全球范围内首个工业设计产业互联网平台。该平台通过聚集全球范围内的研发及设计资源，促进跨界融合与协同创新；充分发挥“工业设计×工业互联网”的乘数效应，通过“设计赋能+产品孵化”的开放式创新模式，建立以设计产业为中心的共享生态。设计师、企业等可以通过平台获得全产业链的透明解决方案，这将对工业设计成果的高效转化以及消费市场的扩大起到巨大的推动作用。

（二）服务型制造成为新型制造模式与产业形态

为顺应新一轮的科技革命和产业变革，提高制造业核心竞争力，培育推进现代产业体系高质量发展，服务型制造作为现代服务业和先进制造业深度融合发展的新型制造模式与产业形态，很大程度上重塑了传统制造业的内涵

① 国家发展改革委等：《国家发展改革委等二十三部门联合印发〈关于促进消费扩容提质加快形成强大国内市场的实施意见〉》，《中国产经》2020 年第 5 期。

和形式，得到了党中央和国务院的高度重视。自工业和信息化等部门联合印发《发展服务型制造专项行动指南》以来，中国两业融合的步伐不断加快，服务制造取得了一定的发展成果，新模式、新业态不断涌现，有效延伸了产业链、提升了价值链，对中国制造业的转型升级及高质量发展起到了重要推动作用。2020 年 7 月 15 日，国家发展改革委、工业和信息化部等部门联合印发了《关于进一步促进服务型制造发展的指导意见》，对未来五年服务型制造示范企业、平台、项目及城市的培育提出了新目标，并针对服务型制造模式及发展措施给出了进一步的指导。①

如图 1 所示，"微笑曲线"解释了附加值主要体现在价值链的两端，即研发设计、品牌运作及销售渠道②，因此在未来，继续发展服务型制造有助于中国制造企业降本增效，向价值链两端攀升，向附加值更高的环节延伸，并在后疫情时代的当下，有效应对经济下行压力。

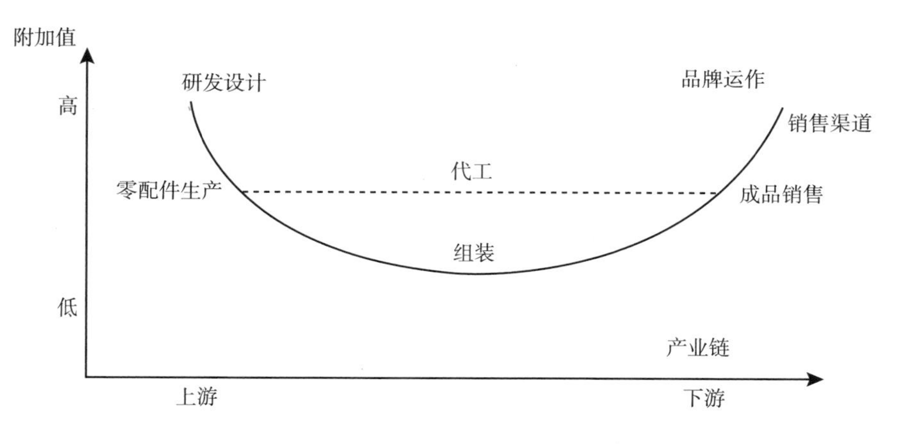

图 1 "微笑曲线"示意图

资料来源：严双艳《全球价值链变化视域下的中小企业转型升级路径研究——基于微笑曲线理论视角》，《生产力研究》2020 年第 6 期，第 73 ~ 76、84 页。

① 工信部产业政策与法规司：《加快培育服务型制造新模式 促进制造业提质增效》，《中国电子报》2020 年 7 月 17 日。

② 《服务型制造——制造业转型瞄准新目标》，《产城》2020 年第 8 期。

（三）创新设计环境不断优化，创新能力显著提升

1. 创新体系建设不断加强，创造了良好的创新设计环境

近年来，为打造创新设计骨干力量，引领工业设计发展趋势，中国工业设计研究院、工业设计中心、工业设计产业园区等工业设计平台体系的建设步伐大大加快，众多省份积极提出相关政策。截至2020年，中国工业设计平台体系建设取得了显著成果，为工业设计创新发展培育了有利土壤。

作为粤港湾大湾区核心城市的深圳市于2020年5月发布了《关于进一步促进工业设计发展的若干措施》，其中提到强化工业设计创新载体建设，争创国家级工业设计研究院等。目前，深圳市已拥有7家国家级工业设计中心及57家省级工业设计中心。

2020年6月15日，福建省工业和信息化厅、省发展改革委等部门联合印发《福建省制造业设计能力提升专项行动计划实施意见》（简称《意见》），从“五大任务”及“四个保障”出发，全面构建工业设计创新体系。《意见》指出，要积极推进国家及省级工业设计研究院的建设工作，推动工业设计人才及设计成果与制造业企业对接平台的建设，并制定了到2023年，在福建全省范围内建成100家左右的省级工业设计中心及20家以上的国家级工业设计中心的目标任务。

江苏省近年来也在平台体系建设上发力，截至2020年8月，江苏省拥有国家级工业设计中心13家、省级工业设计中心240家、省级工业设计研究院3家，较好地完成了《江苏省“十三五”工业设计产业发展规划》制定的目标任务。江苏省省级工业设计中心企业的运营呈现良好的发展态势，示范带动效应逐渐显现。

2. 设计赛事不断增多，创新设计成果显著

从中央到地方，从官方到民间，设计赛事不断增多。如国家有中国创新设计红星奖、“中国好设计”奖等权威大赛奖项，多省市举办“省长杯”“市长杯”等工业设计赛事。据统计，2019年中国共举办了643项工业设计

相关赛事。设计领域覆盖了文化创意、箱包服饰、生产装备、家居用品、交通运输、家用电器、电子数码、教育娱乐等各个行业，提供了众多优秀创意成果。

3. 企业的专利授权量快速提升

近年来，中国国内企业的创新主体地位持续巩固。2019 年，中国国内（不含港澳台地区）的有效发明专利拥有量达 186.20 万件，意味着平均每万人口发明专利拥有量可达 13.30 件，中国“十三五”规划制定的目标提前完成。国家知识产权局的数据显示，2019 年中国发明专利、实用新型专利及外观设计专利三种专利授权量共计 259.18 万件，较 2018 年的 244.70 万件增长了 5.92%。从构成情况上来看，2019 年国内的三种专利授权量分别是：实用新型专利 158.20 万件，占比 61.04%，比 2018 年的 147.90 万件增长 6.96%；外观设计专利 55.70 万件，占比 21.49%，比 2018 年的 53.60 万件增加 2.10 万件；此外，发明专利 45.28 万件，占比 17.47%（见图 2、图 3）。

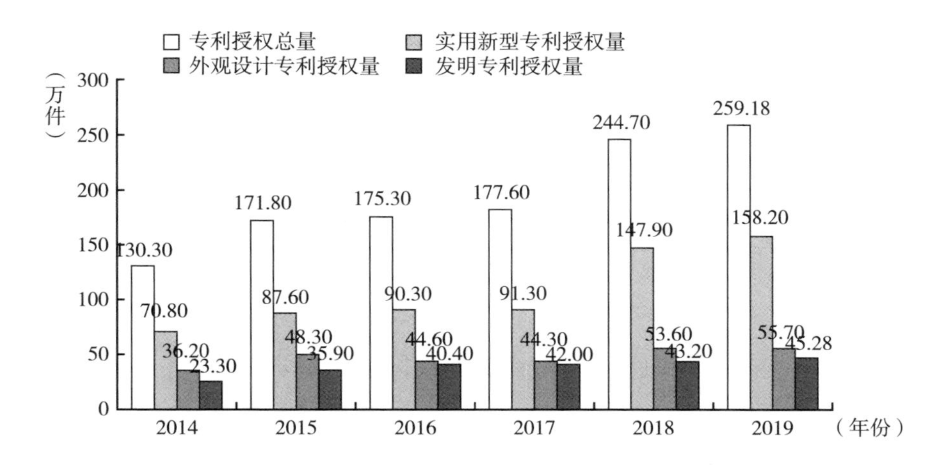

图 2　2014～2019 年中国专利授权量情况

资料来源：国家知识产权局、中商产业研究院。

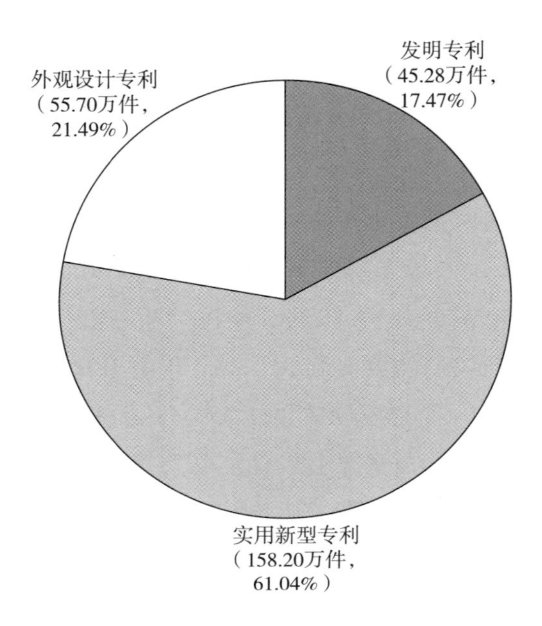

图3　2019年中国三种专利授权量情况

资料来源：国家知识产权局、中商产业研究院。

（四）设计人才相关体系逐步完善，人才队伍持续壮大

1. 职业资格认证体系更加完善

一方面，拥有工业设计从业人员职称认定的省份在增加，除了广东、浙江等省份，2020年6月28日，重庆市工业设计专业职称评价制度正式启动，针对从事工业设计服务、研究及管理等相关工作的专业人员进行职称认定。另一方面，除了职称认定制度外，"全国工业设计能力水平等级认定"工作作为行业人才工程的第二个"十年计划"于2020年正式启动。相对于工业设计从业人员职称认定，能力水平等级认定分专业、分领域进行，认定领域更广泛、覆盖范围更全面；同时充分联动世界工业设计大会以及国际设计组织等国际资源，推动国际人才互认；并将会建设国际工业设计行业人才资源数据平台，进行人才与行业之间的资源共享，促进高校与企业间引才育才的良性循环，搭建人才发展的最优生态

圈。由此，建立面向全国全行业展开的社会化、国际化、市场化的工业设计人才职业资格认证体系。

对设计人才来说，有利于获得更加清晰的职业发展定位，更有利于通过数据平台掌握更多全球范围内的产业资源，扩大视野，获得更多发展机会；对于设计院校，有利于其培养行业的实用性人才，解决院校人才培养与行业用人需求之间存在的差异化问题；对企业来说，职业资格认证体系完善了人才管理机制，为企业精准输送了匹配度高、符合市场与企业实际需求的行业人才。

2. 工业设计高校数量增加，人才队伍逐渐壮大

在设计人才的培养方面，据统计，全国有上百所高校开设了工业设计专业，每年培养设计人才约 30 万人。中国早期开设工业设计专业的高校数量较少，一般为艺术类高校和部分工科类高校的机械或计算机学院。近些年来，工业设计越来越多地出现在国内高校的专业名单中，广东省还设立了专门的工业设计培训学校，为企业提供了专业的工业设计人才。

（五）国际化程度显著提高

1. 企业逐渐走向国际化道路

在国际化程度较高的长三角、珠三角设计产业带以及粤港澳大湾区等经济发达地区，越来越多的工业设计企业开始为跨国公司提供设计服务，抑或是与国际设计同行展开积极合作，逐渐走向国际化道路。① 深圳市嘉兰图设计股份有限公司面向境外客户，专门组建了独立的国际市场部门和设计管理部门，利用地理优势承接跨国公司的设计外包业务，同时以自身的优势广泛与世界各地的设计同行合作，与欧洲、美国、澳大利亚等地区和国家的设计公司进行战略联盟，分工合作，实现资源互补与知识共享，共同开发工业设计市场。

---

① 徐冰、孙旭楠、唐智川：《工业设计企业竞争力评价体系研究与实证》，《浙江工业大学学报》（社会科学版）2019 年第 4 期。

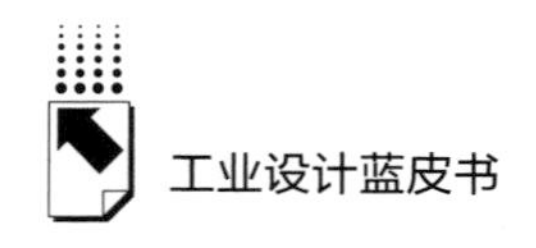

2. “中国设计”在多个领域具备国际竞争力

近年来，中国的制造业企业正积极地“走出去”，同时也将“中国设计”带到全球市场。获得美国“IDEA 奖”、德国“红点奖”、韩国“好设计奖”等重要的工业设计国际奖项的中国工业设计企业不断增多。据统计，2016 年“红点奖”评选的 79 项“最佳设计”中，中国企业占有 7 项，超过韩国、日本等国家，位居亚洲首位。且获奖项目领域广泛，分属于白色家电、无人机、汽车零部件、日用品、音响设备、室内设计等不同门类，反映了中国工业设计企业在各领域初具国际竞争力。

3. “一带一路”倡议使中国设计走向国际舞台

“一带一路”倡议推动了中国创新驱动发展战略，加快经济转型升级，深化了中国创新设计的国际化程度。面对新一轮的科技革命及产业变革，针对制造业转型升级与提质增效，提出若干举措，不断完善如金融扶持等相关政策，进一步扩大制造业企业的对外开放程度，提升中国制造业的国际化实力，推动中国设计“走出去”。

（六）设计扶贫推动乡村振兴

2018 年 4 月 21 日，为落实党的十九大以来关于坚决打好精准脱贫攻坚战的战略部署要求，发挥设计对产业的引领作用，第二届世界工业设计大会期间发布了《设计扶贫宣言》，首次对设计扶贫进行正式回应。2018 年 11 月 26 日，在第二届中国工业设计展览会上，中国工业设计协会设计扶贫研究院成立，提出聚焦田园产业乡建发展、聚焦田园产业人才发展两大核心任务。两年来，设计扶贫研究院对乡村风貌或公共设施进行改造，在品牌建设、非遗再造、乡村特色旅游 IP 打造、文创产品设计、乡村旅游服务设计、田园社区建设等多个方面助力产业扶贫，充分发掘新时代中国乡村的价值，通过多元路径将当地文化及自然资源转化为生产力，助力乡村振兴。

（七）“天人合一”的生态设计

生态设计是时代召唤，无论是基于全球趋势还是国家政策，都已经箭在

弦上。近年来，国内森林康养建设方兴未艾，其作为新兴事物，已成为以人为本发展路径的重要践行者与探索者。森林康养以丰富的森林景观、沁人心脾的空气环境、内涵浓厚的生态文化等主要森林资源为依托，结合传统的医学与养生文化，与养老、养生、健康、医疗等多种业态相融合，并逐渐从侧重于森林医学的角度发展向利用“旅游+”“生态+”等模式发展，推进农林业与旅游、文化、康养等多产业的深度融合。峨眉半山七里坪、浔龙河生态艺术小镇、云南腾冲火山热海等，本着“天人合一”“绿水青山就是金山银山”的生态观，以生态为基础，以历史文化为灵魂，同时结合健康产业、旅游产业，打造了一种全新的生态设计模式，映射出道法自然、“天人合一”的文化内涵。在后疫情时代，森林康养、绿色抗疫体现了创新设计对生命安全与生态文明的关联嫁接，生态文明与生命安全的融合设计思维成为新展望。

（八）疫情下的工业设计——在危机中育新机、于变局中开新局

突如其来的新冠肺炎疫情让中国社会和经济经历了一次严峻的考验，习近平总书记指出，“要坚持用全面、辩证、长远的眼光分析当前经济形势，努力在危机中育新机、于变局中开新局”。

疫情期间，从个人防护到公共设施，从医疗设备到云端协同办公平台，创新设计虽不及一线的生物医学、病毒研究、卫生防疫等主力学科那般作用重大，但无论是与助阵呐喊的广告宣传海报相关的视觉设计，还是如大型运输机、负压救护车、防护服、口罩等在内的交通工具和医疗设备等辅助工具设计，或是火神山医院、雷神山医院的模块化空间设计，以及大数据、5G、人工智能等技术在疫情期间的云端平台的建设等无不体现了创新设计在抗疫过程中的重要意义。设计本着“以人为本”的原则，在防疫攻坚战中贡献出巨大力量。疫情下的创新设计完美结合了新技术，针对生命健康提供创新解决方案，应对危机，引领变革。

疫情期间，远程会议、线上营销、网络教学成为日常，疫情瞬间成为传统行业线上化、远程化的催化剂。2020 年，太火鸟推出设计师云端协作系

统，帮助设计企业远程高效地完成设计项目；中百仓储联合阿里巴巴打造无接触超市，基于REX平台云POS技术完成自助收银系统上线工作，为火神山、雷神山两座医院的建筑工人和医护工作者提供了充分的后勤保障；京东将“快递小哥”替换成了“快递小车”，通过云仿真系统验证了大致路况设定配送路径，并远程把自动驾驶系统部署到了小车上，在武汉前线负责给医院等重点地区送货。疫情下的社会生活被按下“暂停键”，而5G、云服务下的远程设计却仿佛按下了“加速键”，带来了全新的“云生活”。

针对疫情期间的设计行业，北京光华设计发展基金会、中国工业设计协会及太火鸟，联合中国30余家工业设计行业组织及机构，于2020年2月13日，共同发起“打赢疫情防控阻击战 助力设计企业获客及数字化转型特别行动”，倡议设计机构积极顺应设计产业的数字化、网络化、平台化、智能化趋势，加快数字化转型升级；倡议行业协会、媒体共同发声，为设计行业及其服务产业的转型升级建立共享设计平台；倡议制造业企业及品牌方，加大产品研发设计的投入，积极通过平台来购买专业设计服务，并与设计企业形成长期稳定的合作关系，以实现自身产品的设计优化和效益提升。

二　中国工业设计面临的主要问题

（一）工业设计水平存在区域与行业发展不平衡

近年来，中国工业设计水平不断提高，在一些领域接近甚至达到国际先进水平。然而，区域、行业发展不平衡的问题普遍存在，国际竞争力有待进一步提高。

从区域的角度看，国内优秀的工业设计企业、设计创意产业园区主要沿东南沿海分布，高层次设计人才主要集中在北京、上海、广州、深圳等少数一线城市，造成区域发展不平衡。近年来，产业转型不断升级。虽然中西部地区的企业有着较为迫切的工业设计服务需求，也尽力选准了制造业的细分领域、环节力求突破，但当地工业设计的服务水平依然普遍较低，本地区主

动向发达地区企业寻求工业设计服务的意识又较为薄弱。

从行业的角度看，国内工业设计的发展存在不均衡问题。中国工业设计产业主要集中在日用消费品、家用电器及电子信息产品等偏向外观和功能设计的领域，而在一些偏重于技术研发与工艺设计紧密结合的领域，例如汽车、新材料、工业成套设备等方面设计力量薄弱，这也严重制约了中国工业设计企业的产品创新。

（二）高精尖设计人才缺乏

高层次复合型创新设计人才的缺乏是制约中国工业设计发展的重要因素。调查显示，有一半以上的企业提出公司内缺乏优秀的设计人才，设计人员普遍存在知识结构单一、行业经验匮乏以及缺乏行业前瞻性与领导力、缺乏国际视野等问题。目前，中国工业设计行业缺乏引领行业发展的工业设计大师，由国际知名设计杂志 *Wallpaper* 评选的全球最具影响力的 100 位设计大师中，仅有 2 人来自中国大陆地区。

（三）设计人才的培养体系不健全

工业设计在人才培养方面属于典型的学科交叉应用领域，然而以学科条线为框架、以基础理论为主体是中国高校普遍采用的人才培养体系，尽管近年来许多高校采取多种产学研合作模式，但仍存在着合作机制不完善、合作培养教学模式单一等问题。① 多数设计从业者在高校接受的是设计基础理论知识，缺乏实践经验。并且，中国工业设计教育缺乏创新的教育模式以及精英式的人才培养方式，这均导致了跨学科的高层次复合型人才，特别是实践应用导向型人才的培养输出成为一个薄弱环节。

（四）设计知识产权缺乏有效保护

工业设计创新需要前期的投资，容易被剽窃、模仿，因此需要相关的知

① 许彧青、王明明、朱世范、商振：《产学研合作工业设计人才培养模式的研究与实践》，《教育教学论坛》2020 年第 10 期。

识产权来加以保护。国际市场中，工业设计的竞争也是工业设计知识产权的竞争。然而，中国设计知识产权缺乏有效保护：国内许多企业缺乏创新的意识和能力以及主动创新的积极性，抄袭、模仿现象普遍，市场中产品雷同、价格错乱的现象时有发生①；一些制造业企业常忽视对其自主设计产品的知识产权保护，仅满足于代工生产（OEM）的获利模式，而缺乏设计及品牌的国际话语权。中国现有的专利保护制度仍然不完善，法律的惩治力度小、知识产权纠纷申诉周期长、维权成本相对较高。知识产权的维权现状较艰难，许多企业忽视了对产品的知识产权进行保护、应用及维权。知识产权保护不力影响中国工业设计的健康发展，导致了好的设计难以转化成相对应的利润，进而削弱了企业投入“精品设计”的动力，无法充分挖掘设计潜力。

（五）民族文化底蕴表现不足

伴随着综合国力的逐步强盛，中国民族文化的自信心逐渐增强，越来越多的国内外设计师从中国传统文化中汲取设计灵感，如近几年兴起的国潮风。然而，许多设计师对传统文化的了解趋于浅显，只是一种符号性的理解，缺乏对传统精神更深层次地挖掘。

同时，中国工业设计对国外设计的引进与模仿较为依赖，相对于德国设计的严谨性、美国设计的创新性以及日本设计的经济性等，中国的创新设计缺乏拥有民族文化特色的产业特征。

（六）获奖作品转化率应用率低

设计 2.0 时代向 3.0 时代过渡的背景下，市场的天平逐渐由企业主导转向用户主导，一定程度上激励了企业的评奖热情。专家称“奖项的最大价值应该体现在用户上，而并非企业”，然而，目前行业现状却是大部分企业

① 王成玥：《分析我国工业设计的创新现状、存在问题与对策》，《宏观经济管理》2017 年第 S1 期。

的获奖产品仅停留在概念层面，奖项成为企业扩大其影响力的手段，最终转化为上市产品的概率很低。

三　中国工业设计趋势展望

展望未来，中国工业设计发展将会有以下几个方面值得关注。

（一）新时代新政策带来中国工业设计发展新动能

中国共产党第十九届中央委员会第五次全体会议明确提出，“十四五”期间，坚持创新在我国现代化建设全局中的核心地位，坚持把发展经济着力点放在实体经济上，并围绕实体经济发展进行了详细部署，这不仅为“十四五”乃至更长期的高质量发展提供更为坚实的产业支撑，也必将为中国工业设计发展带来全新动能与机遇。

（二）新技术新场景带来中国工业设计发展新模式

以区块链、人工智能、大数据、5G、云计算、虚拟现实等为代表的新技术飞速发展，不仅广泛影响着经济社会的发展，也为中国工业设计提供了新的发展模式、路径与方向。

（三）新产业带来中国工业设计发展新天地

随着以数字产业化和产业数字化为代表的数字经济时代的到来，工业设计必将在无处不在的数字经济中发挥巨大作用。

（四）新世界带来中国工业设计发展新挑战

从全球范围看，一方面，全球化趋势放缓；另一方面，随着中国“一带一路”倡议的深入推进，中国与其他十五国正式签署《区域全面经济伙伴关系协定》，中国工业设计如何在此新格局下扬长避短、担当使命并发挥作用需要深思。

（五）新文化带来中国工业设计新使命

中国历史悠久，文化灿烂，积淀丰厚。中国传统文化与时代相结合，如何守正创新，如何树立大国新形象、诠释中国优秀传统文化，如何让中国文化理念通过优秀的中国设计创意产品走向世界是必然趋势。中国工业设计在未来使命在肩，责无旁贷。

（六）新发展带来中国工业设计人才新建设

“十四五”期间，中国工业设计行业对优秀工业设计人才的需求将更加空前。工业设计学科交叉及产学研用培养体系将会更加健全，国家和社会对设计人才的评价和认定机制将会更加成熟。预计“十四五”期间，中国工业设计行业将从工业设计专业职称认定和能力水平认定两方面打出组合拳，进一步完善工业设计人才职业资格认证体系，加快工业设计专业人才队伍建设，推动工业设计产业发展。

（七）新环境带来中国工业设计发展新思考

后疫情时代必将浮现出一个未知的、崭新的国际环境，面对“新世界”“新环境”，中国工业设计需要进行整体性、全方位的反思，深刻体悟人类命运共同体的意义和内涵，将生态文明与生命安全思维深度融合于创新设计。

（八）新需求带来设计学科交叉发展新融合

空前的技术优势和发展契机带来设计发展的多元新需求，设计的边界由清晰愈加走向模糊，专业交叉、跨界融合、协同创新成为设计学科发展新趋势，中国工业设计将进入融合发展新时期。

B.8 全球性传播疾病疫情防护产品的设计现状与趋势（2021）

于　钊*

摘　要：2020年以来,新冠肺炎疫情蔓延。健康产业、在线教育等逆势而上，众多行业或主动或被动走上了转型之路。人类发展的历史长河中暴发过各种疫情，如2003年“非典”疫情的暴发。人类与疫情的战斗从未停止，为了应对疫情，设计行业需要不断反思与更新。疫情时期的工业设计面临疫情防护产品的设计问题、设计理念再思考等挑战，后疫情时代，设计的全球化与协作性受到了质疑。总体来看，疫情使得工业设计的理论与实践有了更多变化，设计师与社会活动家、城市职能部门、医疗企业、信息工程师走到一起，工业设计领域开始更多地参与社会问题解决与公共政策制定。在全球疫情仍然严重的今天，后疫情时代的设计将会出现新的变化，工业设计从业者需要从社会创新设计和生态设计角度寻找更多的解决办法。

关键词：工业设计　医疗卫生　防护产品　健康产业

* 于钊，上海交通大学博士研究生，佐治亚理工学院联合培养博士研究生，研究方向为工业设计、交互设计。

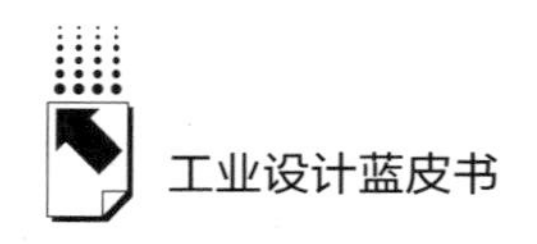

一　全球性传播疾病给设计带来的影响

2020 年，新冠肺炎疫情来势凶猛。新型冠状病毒肆虐下，以往人们习以为常的现代生活方式和承载它的当代设计暴露诸多隐患，有些方面甚至严重到“全面失守”。凝聚人类创造智慧的大型、超大型城市纷纷陷落为新冠肺炎疫情重镇；办公楼、超市、学校、机场、教堂这些代表当代建筑成果的公共空间，逐一成为新型冠状病毒传播的“危险之地”；邮轮，曾经是人们休闲旅游的心仪选择，现在成了“下不来的海上监狱”；飞机出行是当代人“现代性”的标配体验，而在新冠肺炎疫情下，全球航空业停摆，千百架飞机在机场待命；居家空间成为人们在新冠肺炎疫情中的唯一避风港，但长久居家也逐渐暴露出住宅设计中空间与功能配置的许多不合理现象；2020 年的春季时装周“上演”的不再是米兰、巴黎的秀场，而是医生、护士在医院中身穿防护服，佩戴口罩与护目镜的身影。①

在每一次大的全球危机中，设计行业都会出现新的设计思潮和产品，它们通常来自技术的快速民用。其间，也许会经历从实验室到民用再到商业化的过程。但有理由相信，疫情之后，互联网和金融资本力量将在很大程度上加快这一转化过程。新冠肺炎疫情终将过去，如同历史上每次疫情一样，它将改变人类的发展轨迹与生活方式，我们将生活在与新冠肺炎疫情前不一样的“后疫情时代”。这场危机对于世界的深刻影响还远未彰显，对于很多领域来说这几乎是灾难性的创伤，我们把这场危机作为反思和改变的契机，来看工业设计在医疗、制造业、高新技术等方面做出何种改变，最终它是否会重塑人与人、人与环境的关系。新冠肺炎疫情下对设计的反思不应是局部的、技术层面的反思，而应是整体的、全方位的反思。

---

① 宋立民：《疫情下的设计反思》，《设计》2020 年第 11 期。

二　疫情时期工业设计面临的挑战

（一）疫情时期防护产品及生活用品设计问题

从设计的角度来看，这次疫情是科技与文化、文化与社会治理之间本应存在的联结尚未完成或未完全建立，也就是“设计”的力量尚未能充分发挥出应有的作用。[①] 比如防护服设计单调、难以区分，医护人员之间为了辨认，只能相互用马克笔在防护服上书写姓名或画图，服装造型万千变化的理念在防护服的设计上竟无一丝体现，这一设计疏漏被众人诟病。防护服结构设计粗陋导致医护人员面部伤痕累累、防护服防护镜等内循环的缺失造成医护人员视力模糊，等等。新冠肺炎疫情下，人们被迫远离餐厅、酒吧、茶室，回到家中自己做饭，小家电的便捷使用成为人们在新冠肺炎疫情下的新期盼。疫情期间大家都居家隔离，如何实现无接触的生活必需品的购买与运输、能否通过3D打印技术保证企业的生产任务等，这些都暴露了工业设计理论与实践中的缺口，为以后设计的发展提出了新的要求。

（二）疫情下设计理念再思考

首先，此次新冠肺炎疫情提醒人们要重新梳理与自然的关系，调整生存与生活方式。对于设计师来讲，社会设计、低碳设计、在设计中对自然环境“最小干预”、将设计产品的全生命周期纳入设计全过程等方式方法，应该是新冠肺炎疫情给我们带来的反思后，要更加注重的设计理念。

其次，需要从设计思维、设计方法、解决设计问题等专业视角反思。基于新型冠状病毒的传播途径和未来疫情防控的需要，工业设计实践的方法要有所改变，要更关注设计的情境和社会性。新型冠状病毒在人员密集、通风不畅的公共空间更易于传播，如机场、餐厅、监狱、教堂、邮轮、航母、火

① 罗成：《新型冠状病毒疫情下的工业设计产业洞察》，《工业设计》2020年第2期。

车、飞机等。针对新型冠状病毒的传播方式与路径，设计方法要有针对性。第一，在公共空间中进行工业设计实践时应探讨高密度的底线，有节制地限制用户的规模，采取分散多区域、“去中心化”等理念。人员密集的办公、购物、休闲空间可能要部分回归多空间的传统办公方式，并探讨线上服务替代部分线下服务的可能性。对于公共交通工具如飞机、高铁、邮轮的设计，改进排风、空调系统是技术关键，秉持“平疫结合”也是一个重要举措。公共建筑、公共交通工具或居住小区设计中应有针对新冠肺炎疫情防控的设施与措施，如在办公空间、酒店或公共交通工具设计中，在每个小区域、小空间以单独循环的空气系统、上下水系统代替中央空调系统和多循环上下水系统。第二，在一定规模的社区建筑中提供类似医院传染病区域放置的简易疫情防护产品，当疫情扩散时可以将疑似或确诊病例第一时间就近隔离，并配合受过医护训练的志愿者团队，与物联网医疗问诊系统连接。在邮轮等公共交通工具的设计中，也应将新冠肺炎疫情防控措施和“平疫结合”理念植入，如将其中一个空间设置为“隔离房”，它与其他用户的空间独立分置并有新型冠状病毒灭活装置，一旦疫情扩散，这些隔离空间的设施可以成为新冠肺炎疫情控制的“毛细终端”。既可发挥交通工具在新冠肺炎疫情暴发时的功能，也可起到为城市应急医疗系统减压的作用。第三，在家居产品的设计中，要考虑居家隔离时，家庭成员居家锻炼、应急储备、生活必需品购买等功能的实现。[①]

最后，5G、新基建、人工智能等技术将给中国带来新一轮建设热潮，也为物联网、智慧城市的实现带来加速的可能，设计在中间将始终扮演着重要角色。新冠肺炎疫情的发生会使人们在整体性思考中增添一个关键维度，它会改变人们的价值观与生活方式，也会深刻影响工业设计的理念与方法。

三　后疫情时代工业设计的趋势分析

2020 年初新冠肺炎疫情暴发，健康产业、在线教育等逆势而上，众多

① 李洋、李毅、王伊芬：《人性化视角下的疫情防护用品设计》，《湖南包装》2020 年第 2 期。

行业或主动或被动走上了转型之路。疫情之下，设计师与社会活动家、城市职能部门、医疗企业、信息工程师走到一起，同时，工业设计领域开始更多地参与社会问题解决与公共政策制定。疫情使得工业设计的理论与实践有了更多的变化，我们列举一些值得关注的工业设计趋势，来探讨疫情带来的挑战与新技术带来的机遇。

（一）工业设计将更多地介入社会行动，跨学科的教育与实践体系正在拓宽设计的边界

2019 年，荷兰埃因霍温设计学院教授新开设一门研究生课程“地理设计”（Geo design）。这门课程试图用两年时间来阐释作为当代设计师知识来源的工业生产背后的运作机制，同时探讨和解决工业生产的历史因素和社会不稳定性带来的影响，以及未来的可持续模式。课程的目的在于通过设计过程中对材料、技术和社会的讨论来提出变革性的干预措施。工业设计的教学开始覆盖政治学、经济学、社会学和人类学，新的学科正在引领这一趋势。

设计的实践上，工业设计的社会行动性也体现了出来，新锐设计师周宸宸联合了一群设计师，于疫情期间发起公益活动，旨在以设计促进公共卫生发展，在极短的时间里设计师们都提交了设计方案，包括家用小型消毒机、安全舱、口罩和手帕等。

未来的消费者与企业将真正注重产品的环境保护功能，消费者厌倦了环保被当作营销手段，有创造力的品牌会确保企业的一切行动都是在环境保护范围内的，也会确保自己拥有一个高效的供应链。如瑞典家具品牌宜家已着手改造其全球供应链。疫情可能对正在改造可持续供应链的公司造成困难，再生材料工厂复工难、国际物流受阻，这些都在考验循环经济企业的生存能力。现在海外疫情远比国内严峻，美国和北欧对再生材料的需求远超国内。但仍然可以看到，越来越多的原料商开始研发新型环保材料，这样的转变一方面是因为政策的引导和补贴，另一方面也是因为疫情给大家带来的意识的改变以及下游品牌方的倒逼。现在，越来越多的国际大品牌如宜家、可口可乐、耐克等为自己设立了“可持续发展目标”，这些大品牌会为工业设计带

来更多环保的观念，同时，会有更多的设计师关注社会设计，如用智能家居产品与大数据来解决居家养老的社会问题。

（二）医疗相关的设计与服务将更多地转向线上，信息技术将更多地转向疫情防护产品设计和病情前期诊断

2017 年之前，许多公司就开始关注“AI 医疗”，尝试运用人工智能、图像识别、大数据技术为医疗问题提供新的解决方案。疫情期间，这些前瞻性的投入起到了一定的作用，线上医疗系统的设计更多地依赖数据的采集和分析。2020 年 2 月 15 日，阿里巴巴达摩院推出了一款 CT 影像系统，用于新冠肺炎的病原学检测。通常来讲，一位新冠肺炎病人的 CT 影像有 300 多张，医生诊断一个病例的 CT 影像需要花费 5 ~ 15 分钟，因此一位医生即使每天不间断工作 12 个小时，也只能诊断大约 72 个病例的 CT 影像。而阿里巴巴达摩院研发的 CT 影像系统诊断一个病例的 CT 影像平均只需 20 秒，病例的基因分析时间缩短至半小时，分析结果准确率达到 96%。截至 2020 年 3 月 31 日，这套系统已在浙江、河南、湖北等 16 个省的近 170 家医院落地，诊断了 34 万例临床病例。

疫情期间，互联网技术与医疗相结合的案例更为普遍。在中国，腾讯、阿里巴巴等技术公司推出健康码，用于实现有序复工复产。美国的苹果公司和谷歌公司也在 2020 年 4 月中旬宣布，将合作开发一种追踪病毒踪迹的软件，帮助政府和卫生机构控制新冠肺炎疫情的传播。面对突如其来的疫情，在线医疗平台也承担了大量信息公示、症状筛查、防疫科普的任务，为公共医疗机构减轻了一部分压力，推动了医疗问诊的数字化渗透，这其中最为显著的就是分布式医疗与设计，新冠肺炎疫情的暴发再次暴露了各国医疗体系供需不平衡、资源错配、信息流通受阻、医疗资源利用不充分等缺点。那么，重构医疗元素能否让医疗问诊更有效率？

IDEO 是工业设计界著名的创新设计公司，曾于 1982 年为苹果公司设计出第一个鼠标，同年还设计出了全世界第一台笔记本电脑，现在还陈列于纽约现代美术馆。同时，它还是一家创新咨询公司，咨询领域涵盖消费、零

售、技术、医疗、教育和汽车等行业，是“设计思维”（design thinking）在全球普及和应用的推动者。IDEO 这样的工业设计公司，疫情期间也加大了医疗方面的设计工作。IDEO 公司医疗及健康业务执行总监曾在哈佛大学医学院工作，作为一名一线医生零距离接触过美国医疗系统的运转。他了解到美国的医疗系统花费了许多资源在可以进行远程服务的病人检查上，且费用昂贵、增加工作人员负担。他意识到全球的医疗系统都面临着同样的问题，而分布式医疗系统可以为病人提供分散的医疗服务，比如检测生命特征和诊断测试等，让人们在家里就能获得适当、即时的护理和医疗支持，有着无限的潜力。①

由于新型冠状病毒的肆虐，人们开始在家体验在线医疗服务。如在线教育一样，公众开始接受更为即时、聚焦的在线医疗服务，不需要出现任何情况都向传统医院或医生寻求支持。这种“去医院化”意味着一个全新时代的来临，数据的全面连接将加速健康信息的流通，依靠远程病人监控、虚拟现实等手段，分布式医疗将加速诊疗的即时性和可获得性。

（三）5G、大数据将发挥更多功能，未来的工业设计将变得更安全、更人性、更灵活

新冠肺炎疫情对全球来说，是一次对公共卫生安全响应机制的挑战。一直以来，这套响应机制在城市规划领域一直处在边缘位置，但接下来，情况可能会有所变化。

公共卫生安全响应机制建设缓慢，需要公共卫生专家和规划、设计、互联网等专业人士合作，共同设计一套解决方案。这次全球疫情的暴发，会让相关学科的地位有所提升。可以预见，城市的设计将更多地考虑公共卫生安全内容。在此之前，中国城市规划主要是做卫生设施的专项规划，比如各级医院的布局，未来可能要加强疫情防控工作，这其中工业设计可以发挥很大

① 梁瑞峰、谢亚平：《“设计之计”——自然灾害危机下的设计》，《工业工程设计》2020 年第 2 期。

的作用。未来的疫情防护产品设计将更注重韧性，意味着在前期规划时，就把平时和灾时之间的转化考虑进去。一方面，疫情来临时，我们如何把体育馆这类场地快速改建为方舱医院，以及城市的物流保障体系如何运作，把“非常态”的无缝衔接考虑到设计中。另一方面，大数据、物联网等技术对于城市建设的影响在疫情期间集中体现，未来的设计所能起到的安全、便捷作用在疫情期间以及之后很长一段时间都与人们的需求契合。以雄安新区为例，它不仅承担着北京非首都的功能，而且是一座智慧城市，是城市从旧到新的过渡，在这里你可以看到智慧城市中工业设计的畅想：太阳能路灯、自动驾驶、无人零售、人脸识别。毫不夸张地说，那里的每一颗钉子都是有独立 IP 地址的。

未来，智慧城市将利用大数据建造综合决策平台，解决各部门的信息孤岛问题，如何实现这样的智慧城市，以及老旧城市如何安装传感器、如何布线，都是工业设计师可以大显身手的地方。伴随着越来越多的智能化和数据化设计，人们的隐私与意愿也越来越重要，智能产品将数据收集之后，隐私问题该怎么办？这次疫情让大数据、信息收集和数字监控技术得到了推进。各国都采用了一定的技术来确保感染者在家隔离或追踪感染者的行动轨迹：俄罗斯莫斯科启动了一个应用程序，可访问用户的电话、位置、摄像头、存储空间和网络信息；在意大利伦巴第，当地政府通过手机的位置数据判断人们是否遵守封锁令；韩国政府利用监控录像、手机位置数据、信用卡消费记录确定感染者的活动轨迹；中国则推广使用“健康码”，对人们是否去过新发病地区进行实时判断。除此之外，苹果公司和谷歌公司还在开发覆盖范围更广的数据收集软件，这款基于蓝牙通信标准技术的追踪系统，当用户接触过的人群出现了感染者，该系统就会发出提示，该项目的完成可能实现对全球 1/3 人口的密切追踪。①

在严峻的疫情防控形势下，各国卫生和执法部门有充分的理由加强对用

① 于斯森、张耿：《疫情后基于视觉心理效应的大众化艺术治疗设计研究》，《设计》2020 年第 11 期。

户隐私的管控，用所有可能的工具来阻止病毒的传播。但突发的公共卫生事件就必须让用户让出隐私权吗？这些信息的搜集和追踪可否通过设计来保证在使用的同时保护用户个人的隐私？许多软件都声称考虑到了隐私的保护：如不会追踪用户的实际位置、系统广播的是匿名密钥（每 15 分钟更改一次）、数据存储在本地而不是中央服务器，以及一切功能都需要用户同意。但用户对如何通过数据使用这些产品是不了解的，未来需要更多的设计师对信息保护进行探究，采用合理、易懂的方式收集信息，使这些产品在保护用户个人隐私的前提下提供有用的功能，并能让用户理解。否则只会加剧人们对数据收集的恐惧，影响到后疫情时代物联网、大数据的发展，让人们对数字化工具的不信任长期存在。

（四）后疫情时代设计的全球化与协作性

2005 年，经济学家托马斯·弗里德曼在本人出版的畅销书中描绘了一个无边界的世界。但在突如其来的疫情危机面前，全球化这个系统似乎失效了。许多国家关闭了边界，国家间的不信任变得更多，全球合作的前景似乎遥不可及。各国制造业的本土化逐渐加速，工业设计行业随之改变，设计的全球化、跨地区和协作性受到了挑战。全球化带来了系统性风险，它让数十亿人摆脱了贫困，但也使疫情传播得更快。因此，部分学者预言至少在未来一段时间里，我们会迎来全球化的倒退，大多数政府将专注于本国境内发生的事情，供应链将朝着选择性的自给自足迈出更大的步伐，大规模移民会遭到更多人的反对，各国会降低解决区域或全球问题（如气候变化）的意愿和承诺。

但我们也要看到，一方面，疫情让大家更加关注全球问题和社会问题的解决，未来可能会加强大家在公共卫生、生态环境等方面的合作，协作设计和生态设计可能会更受人关注。另一方面，问题的症结可能不在于全球化，而是全球化的不完全，有学者指出，投资、旅游和移民的全球化平均水平仅为 10%。全球化的步伐并没有那么快，绝大多数商业活动和投资仍然发生在国家内部，而不是国家之间。一个四分五裂的世界不能阻止疫情或任何威

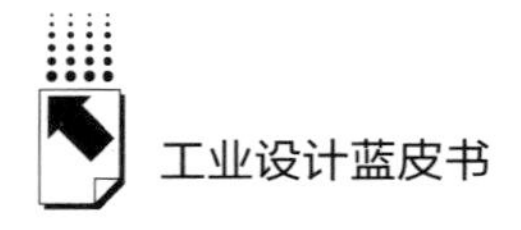

胁，信息和资源共享仍然是关键。全球化就像一扇顺风吹开的大门，风很大、门很重，一旦打开就很难关上。虽说全球化要逆转是不可能的，但全球化正在或即将发生重大变化却是事实，相应的各种规则也将大幅度升级和重塑。①

对于工业设计行业来说，我们要看到全球化、互联网的大趋势，要看到“危”中的“机”，寻找工业设计发展的方向。我们总觉得自己是决定人类命运的身处历史十字路口的那一代人，这主要是互联网时代信息爆炸带来的错觉。我们应该以乐观的心态看待这个时代，同时尽全力防止悲观的事情发生。全球化的大趋势不是一个或一批政客就能逆转的，但未来全球化的内涵会有深刻变化。例如，标准更高、更为公平和透明的贸易规则重塑；又如，自动化和人工智能的崛起以及出于对一些国家安全的考量，发达国家制造业可能出现一部分回流，这对不少发展中国家来说会是挑战，但从长远来看是好事。对全球化在未来的发展，我们应该充满信心；对全球化可能发生的变化，我们应该做好准备。

参考文献

江加贝、王可、李亦文：《基于“互联网 +”背景下的居家养老产品设计研究与探讨——“互联网 +”背景下江苏智慧养老服务设计研究》，《设计》2019 年第 15 期。

张云亭等：《2020 设计趋势报告》，《第一财经》2020 年第 5 期。

① 赵毅平：《助力防疫的工业设计》，《装饰》2020 年第 2 期。

B.9

中国服务设计创新转型：多元·价值·未来

陈昱志　姜鑫玉*

摘　要： 本文主要研究了中国服务设计的现状以及工业设计与服务设计的关系。服务设计将会更加广泛地运用于中国社会的商业、医疗、教育等行业中。本文通过叙述服务、设计两个领域的关联及内涵，以实际案例阐述服务设计的应用以及服务设计的创新价值，提出思维、体验、服务（TES）框架及相关理论，将服务设计及理论进行梳理，以提供更多参考资料，完成服务设计在中国发展的关键输出。

关键词： 服务设计　工业设计　原子设计

一　引言：设计在左，服务在右

（一）设计的方法·策略·导向

1. 方法

社会及科技快速发展，其带来的新生事物与问题变得越发复杂。面对复杂的问题，人们需要不断地提供新的解决方案，这就是设计思维的意义所

* 陈昱志，东华大学机械工程学院硕士研究生，研究方向为工业设计、服务设计；姜鑫玉，博士，东华大学机械工程学院讲师，研究方向为工业设计、产品与信息服务设计、设计认知与色彩心理学。

在。设计以单一的输出为划分界限的方式已经发生改变，不同设计概念之间变得模糊，问题的解决方案不是一个产品或者一幅海报，而是转变为更为复杂的设计“综合体”。

设计服务于产业、商业等人类频繁活动的领域，工业设计的地位有着显著提升。如今，工业设计在广泛的领域中发挥作用，而设计师的目标是解决问题，且更加关心一系列社会问题。设计也从以前的一些关键词，如艺术、美学、工艺、创意、技术转变为信息、传播、交互、行为等，这是因人类社会发展以及相应的技术变革而引起的。不难发现，设计的影响力已经渗透到公共服务、政府管理乃至国家战略等更为广泛的领域。

2. 策略

设计思维属于人类创造事物的过程，包含各种各样的人类行为活动，体现了整合资源、调和关系、运用手段等功能，其目的在于解决复杂的问题和设计困难，并从中创造方法。通过设计思维创造出的许多方法用来适应各相关领域，也正如每一家公司都有着自己的设计方法论，但综合来看，这些都是设计思维的实际运用和“接地气”的“外表转变”。

3. 导向

随着全球经济的发展，多方协作变得越发重要，设计思维在资源整合方面发挥了重要作用。协作作为一种新的方式，打破了时间空间上的界限，改善了工作环境，更多的自由设计师出现，很多职业发生了转变。一件事情不再由一个人完成，而是通过很多不同领域的人或者组织共同完成，这正是共创的概念。共创环节中，运用合适的方法激发参与者的灵感从而促成方案的完整性。在共创的过程中势必会遇到矛盾与隔阂，这是设计在其中显示的重要性——调和关系。在多方之中找到平衡，也是共创的意义之一，在不同的磨合中，将方案逐步或者迭代进行，也是设计思维所提倡的。

（二）服务的转变·落地·实践

1. 转变

中国制造业的发展完善了产品的实际功能，也改善了产品链的完整程

度。人们不再缺少必需的产品，往往更愿意在满足产品基本功能的前提下，追求更高层次的情感体验。设计师的地位随着人们的需求而有所提高。这种情感或精神的体验除了由设计师赋予单一产品之外，更是由企业所销售的服务或与产品“绑定”的服务来体现。

2. 落地

设计师除了通过学习相关设计知识和拥有跨领域的知识储备外，其对设计资源的掌握、调配、整合也具有相对的竞争优势。设计师身处于广大服务行业中，以满足消费者的需求为目的而改进或创造事物，服务因此而变得更加复杂与棘手。所以，建立用户与设计师之间的“精神通道”是有其特殊价值的。设计师需要站在消费者或评判者的立场，而用户和相关利益者则站在事物良好进程的立场上，双方或多方构建和谐的共创场景或者精神上的共创场景，进而将解决问题的方案落地化，这种落地不单单只是依靠一种产品，更多的是依靠一套完整的服务流程或者服务系统。

3. 实践

在中国工业设计背景下，各行各业运用服务设计思维是更具有生存力的。服务设计思维强调闭环、全面、全链路以及整合资源，其运用设计的手段将服务的体验使用户达到相对满意的状态。服务设计思维是对设计资源的利用和整理，产品或服务都是问题的最优解，在这一过程中，不同的方案都有其存在的生命力。设计师要学会判定优先级，做合适的设计，而不单单是做个好的设计。在服务设计思维中强调的可视化，实际就是强调服务流程的可视性与可用性，其是需要原型检验的；通过可视化的方式让部分用户预先感知，进而完成改善和迭代以适应绝大多数的用户需求。这一过程就是经过实践而得出相对满意且具有价值的产品和服务。

企业可以通过设计手段，在以用户为中心的前提下，将产品或服务进行实践或落地。即“左手设计，右手服务，端起用户需求”，在社会的转变中寻求发力点。

二　思维、体验、服务（TES）框架

（一）思维

设计思维改变了对话，当“思维”加在“设计”后面时，就再也不是颜色或装饰，而是流程，是更有目的性的结果，是思考消费者、使用者和员工的体验（见图1）。

图1　思维

资料来源：知乎。

（二）体验

如图2所示，体验是基于感知的心理、行为的发生和与对象（物）的接触。体验由四种因素构成：感官冲击（印象）、功能性、使用性和内容。四者缺一不可。因此可以简单地认为：体验 = 感知（心理）×行为×对象（物）（包含空间、产品、服务等），即 X = P × B × O（Experience = Perception × Behavior × Object）。感知（心理）包含体验过程中的感官接受、感知与记忆的形成；行为则来自斯坦福大学教授创造的行为模型，即 B = MAT，任何想要让用户采取行动的工作和方案必须精心策划，安排动机、能力和触发三个要素；对象（物）则是针对体验可具像化的事物，如：交互方式和规则、关系与联系、体验阶段中共创而得的价值。

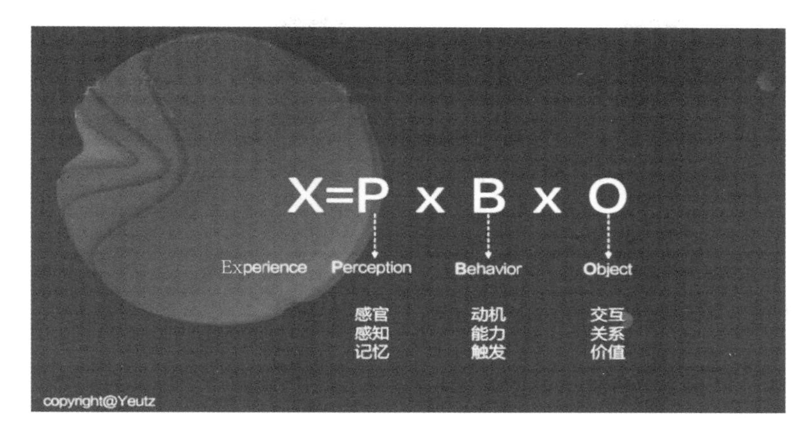

图 2　体验

资料来源：知乎。

（三）服务

服务是满足需求、提供体验、遵守承诺的行为或行为集合。服务可以被看作是某种关于资源的整合方式。服务融汇了客户和供应商的资源和能力，以期待达成共赢。设计是将现有状态转变为最佳状态的一个过程，而服务则是为了另一方的利益对专业技能、知识或者其他技能进行部署。如图 3 所示，服务经历了四个阶段，不同阶段具有不同特征。

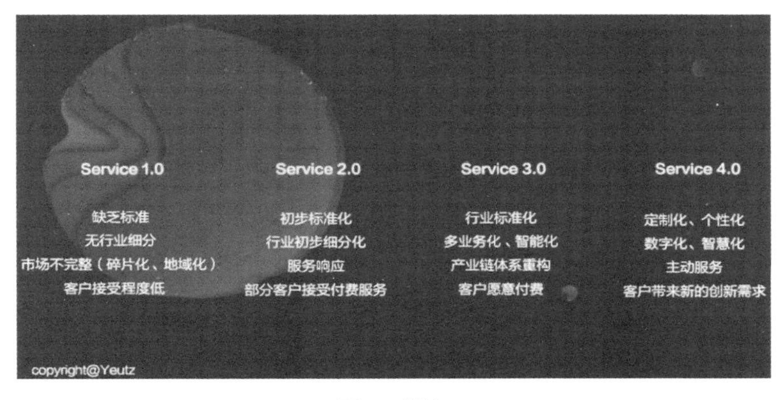

图 3　服务

资料来源：知乎。

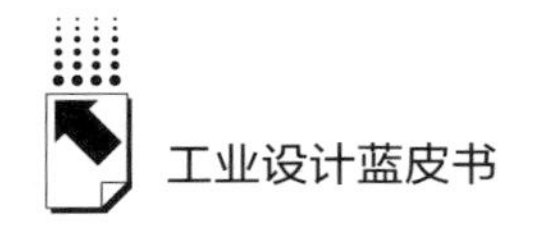

思维、体验、服务（TES）三者之间的关系，如图4所示，思维构筑体验的生成，思维塑造服务的逻辑、规则与理念，服务/产品则是体验的载体，体验的表达通过服务/产品来体现。而居于其中的是服务与体验的利益共享者（利益共享者有别于利益相关者,此类人群注重系统内部相关性，能够分享到最终利益）。

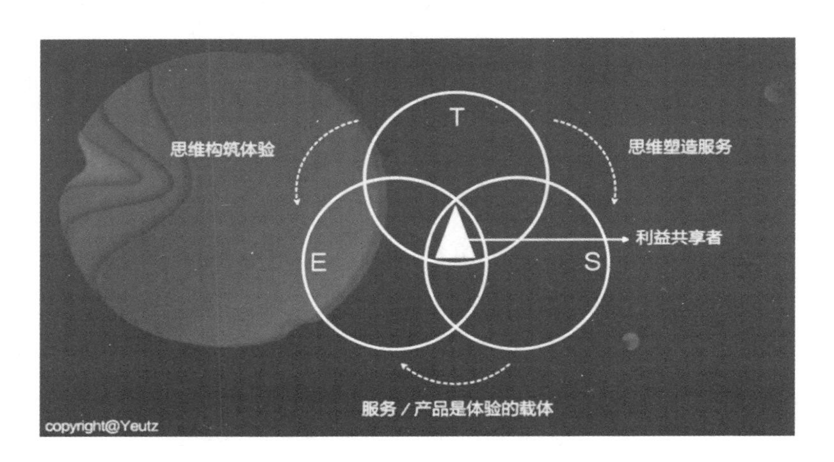

图4 思维、体验、服务（TES）框架关系

资料来源：知乎。

思维、体验、服务（TES）框架构建如图5所示。

一是认知构建。设计师形成对某一或某些服务的认知构建，深入了解利益相关者、用户等背景，并探索系统内外的各部分资源如何流通等问题。

二是方法论应用。基于对语境下的认知构建程度，有选择的使用方法论与工具。选择适合并能够产生关联性的思维模型，帮助探索问题。

三是深潜研究。选择相应的方法论之后，开始与语境进行“对话”，研究与情境相关联的一切对象，探索问题与关系。

四是体验重构。针对发现和探索的问题对现有体验进行排查与分析，将服务任务和产品功能分级，促使重构体验内容与体验级别。

五是服务输出。这一环节与服务的执行落地相同，原型的力量不可小觑，但也不是所有的服务都需要依靠原型进行测试。

在思维、体验、服务（TES）框架构建的过程中，服务设计近年在中国

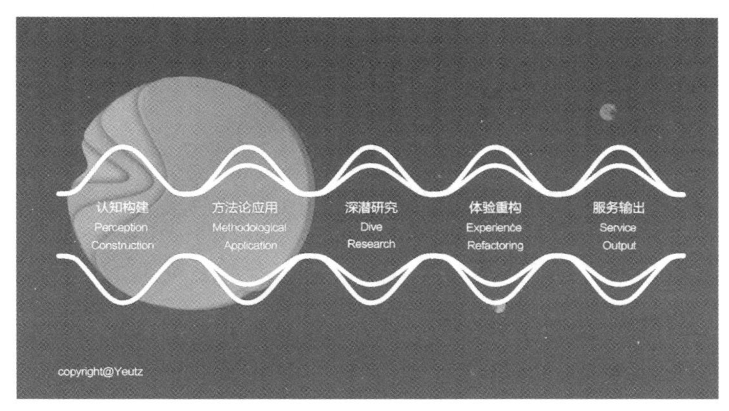

图5　思维、体验、服务（TES）框架构建

资料来源：知乎。

落地生花。服务设计的第一步是洞察与评估，企业在销售自己的产品或服务时，首先要考虑用户群体和市场，计划下一季度的战略目标，从而达成战略共识。然后，培养优秀的领导需要借助服务设计赋能，从而创新领导力。然而，产品和服务的传递不是靠领导一个人完成，而是组织的能量输出，因此组织赋能不可或缺。此外，服务设计还可以帮助服务创新，当企业达到某一层次时，它需要具有社会责任感，做出一些社会创新的举措。由此可见，服务设计在企业的全生命周期中起到一定的作用，发挥了一定的价值（见图6）。

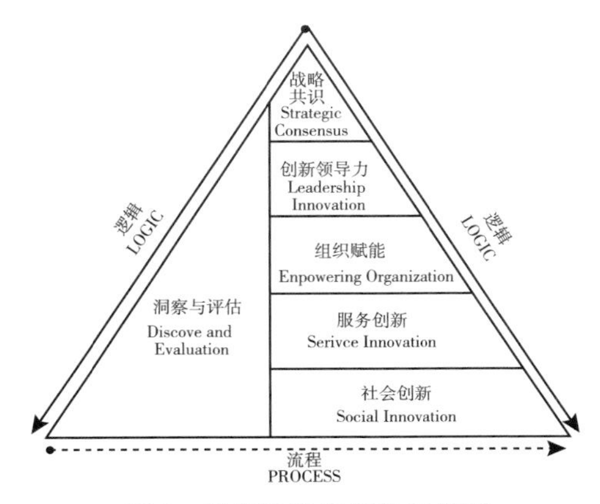

图6　服务设计应用类别模型

资料来源：知乎。

三　融合发展：服务设计的多元创新

（一）基于原子设计理论的服务设计应用

在服务的创新中，服务设计应该被注入新颖的设计方法。设计思维只是应用在服务设计中的一种方法论，当原子设计理论从线上（界面设计领域）转移至线下（服务设计领域），服务将会出现新的变化。“体验元”和“体验级”将以自身的属性随之改变。根据原子设计理论的应用，服务设计过程的元素被分为：触点、触点集合、行为、场景和原型。这些元素均可以被可视化和显性化，从某一个角度上完成服务可视化的内容。

触点被认为是设计的最基本的元素，“体验元”被理解为顾客和触点发生的行为以及对行为的反馈。“体验级”由“体验元”的数量和复杂程度以及带给顾客的情感而确定。在这一概念下，原子设计理论可以用于描述体验式服务的动态系统。如图7所示，服务设计“五位一体”模型即人、行为、目的、场景、媒介。服务设计“五位一体”模型可以与原子设计理论中的系统概念相结合，对体验式服务的系统进行梳理以及创新。同理，原子对应触点、分子对应触点集合、组织对应行为、模板对应场景、页面对应原型。

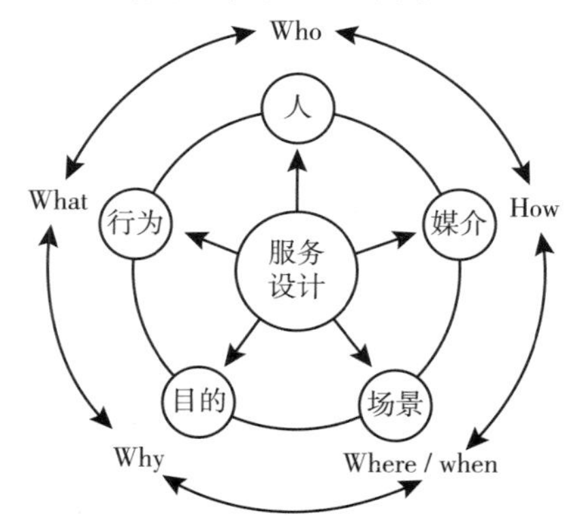

图7　服务设计“五位一体”模型

资料来源：知乎。

基于原子设计理论搭建的服务设计“五位一体”模型可以类比常用的服务原型工具——乐高。乐高具有灵活性、模块化等优点，可以用于表现各种场景。乐高是通过基本积木形态来搭建不同的生活场景，它本身具有的系统性和“打散重组”的思维模式与原子设计理论相契合。因此，原子设计理论在服务设计中的优势体现为系统化搭建、标准化创新和模块化迭代。

（二）服务设计的创新应用

1. 服务设计的转变（从 B2C 模式到 B2B 模式）

B2C 模式，即设计师在考虑服务时，只需针对用户群体的需求达成目标，可以简化为单行线；B2B 模式，即设计师的头脑中是复杂的“毛线团”，业务之间的关系错综复杂，是一种新的挑战。

B2C 模式与 B2B 模式的区别：B2C 模式更重视体验，而 B2B 模式着重为客户解决问题并创造价值。除此之外，B2B 模式中的垂直领域是个挑战。设计师应理解该垂直领域的特征和思路，甚至成为该领域的“专家”，努力让自己与该领域的客户做到信息对称。只有这样，才能开始真正的服务设计，而不仅仅是浅尝辄止。

2. 服务设计的价值

（1）构建角色网络

B2B 模式更重视多业务之间的执行效率和价值，这不仅需要弄清楚它们之间的需求，还需要理解各个环节之间的协作关系和价值链，因此服务设计中的角色模型就需要重新构建。应对角色模型做一个深度的变形处理，利用角色之间的关系形成新的网络，创建协作关系和工作职能，以及它们在系统中的作用和价值。因此，应该共同使用利益相关者地图和角色模型。图 8 展示了康复服务系统中的角色网络，包含主要角色的需求和职能关系。

在此基础上引入业务流程，理解其工作内容和协作关系，更新利益相关者地图的内容，从而更好地追溯康复服务系统执行人物之间的关系和重要性（见图 9）。

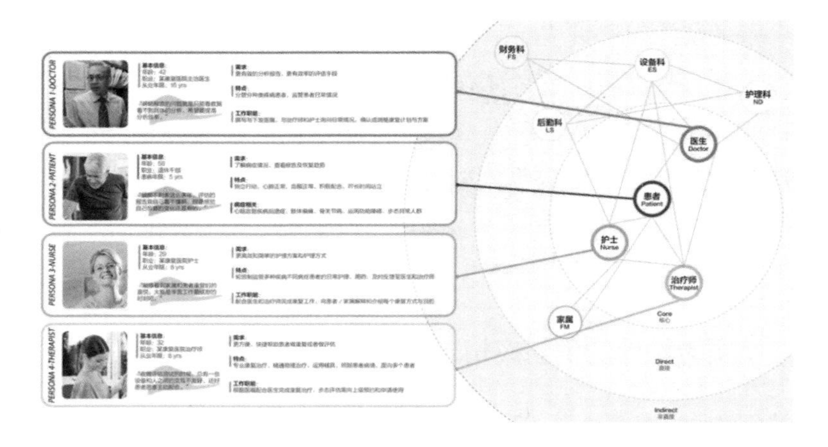

图8　康复服务系统（角色网络）

资料来源：根据山崎亮所著《全民参与社区设计的时代》整理而成。

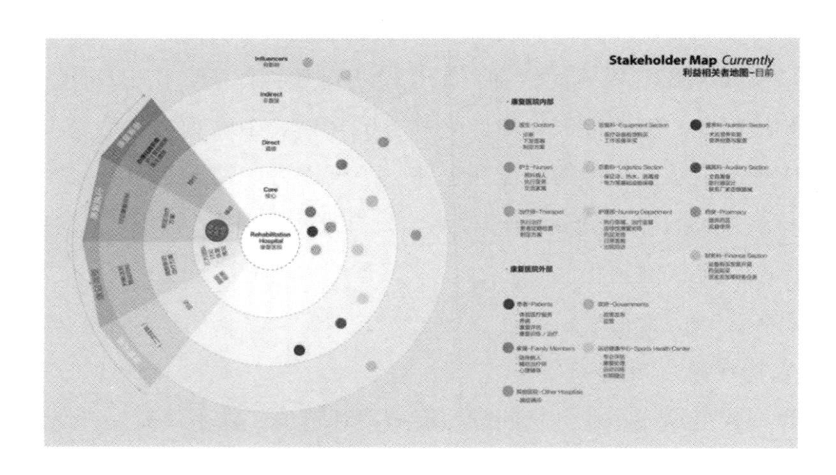

图9　康复服务系统（利益相关者地图）

资料来源：根据山崎亮所著《全民参与社区设计的时代》整理而成。

（2）理解业务流程

B2B 模式中往往存在行业链路的内容，类似的有 CRM、SAAS、ERP 等。如图 10 所示，这些关于整体性的行业链路的相关旅程，称其为行业工作流程（Industrial Workflow），即大旅程（Big Journey）。

除此之外，我们理解的业务流程还包括各利益相关者之间的工作流程和

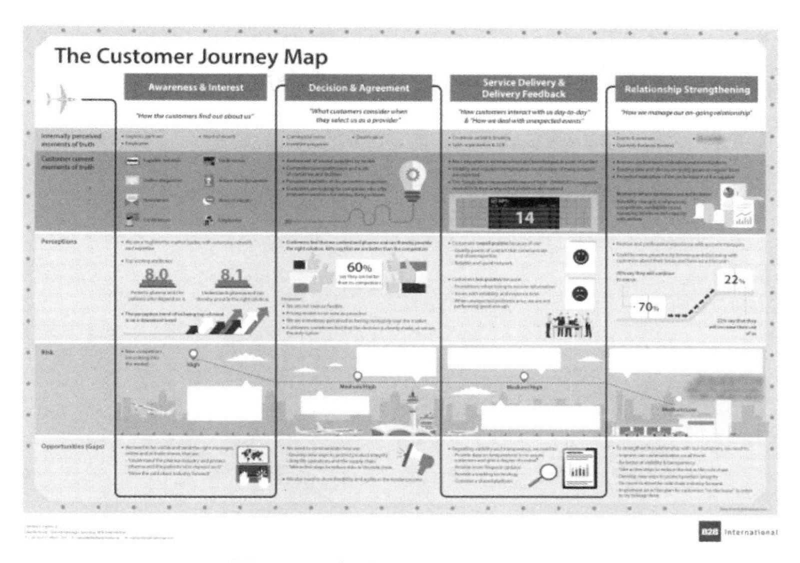

图 10　业务流程（Big Journey）

图片来源：根据山崎亮所著《全民参与社区设计的时代》整理而成。

协作关系。因此又引申出一个新的流程，如图 11 所示，即每个人的工作流程（Personal Workflow），称之为小旅程（Small Journey）。

图 11　业务流程（Small Journey）

资料来源：根据山崎亮所著《全民参与社区设计的时代》整理而成。

（3）需求分级：平衡业务需求与客户体验需求

B2B 模式中不得不考虑客户间的协作和价值导向，因此其与 B2C 模式不同，除了客户本身的需求和体验之外，仍要考虑整体业务执行效率和过程。为了更好地分析需求和取舍需求，唯一需要利用的就是平衡业务需求和客户体验需求。因此我们可以利用不同的维度来筛选需求，从而更好地考虑需求的落地性，而此时应让 B2B 平台内部的成员参与，只有深耕于工作中的人才更理解其重要性和紧急性（见图 12）。

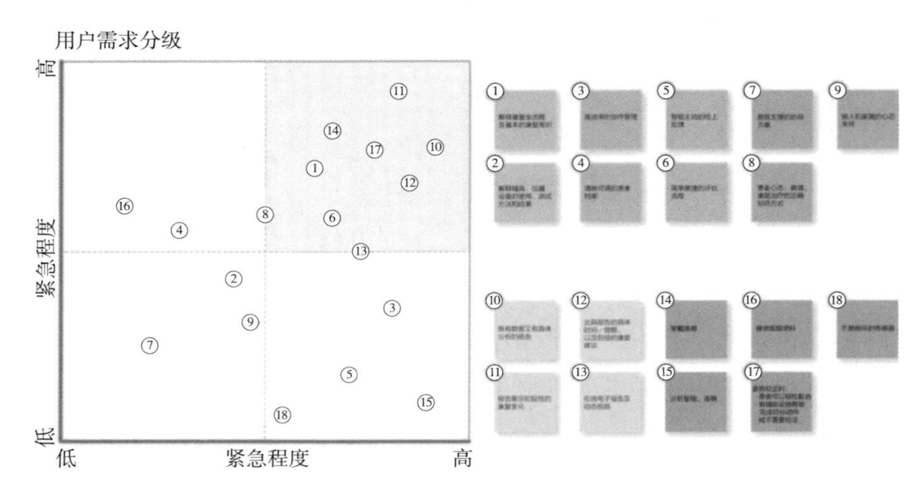

图 12 康复服务系统（需求分级）

资料来源：根据山崎亮所著《全民参与社区设计的时代》整理而成。

四 趋势展望：中国服务设计的创新与未来

服务设计在中国国内发展了十年有余，从 2018 年开始逐渐进入大众视野，在各个行业被人们所感知。因此，针对中国服务设计未来的发展，以下五大趋势值得关注。

（一）与万物共创

服务设计的核心之一就是共创。从服务的角度来说，共同创造是描述服务的特征，即服务提供商和顾客共同创造价值。新的一年，服务设计仍然会以“共创”作为重要的发力点，共创的范围将被逐渐扩大。随着 5G 技术的普及与应用，在服务设计过程中，服务创新者将携手设计变革者共同创造真实的服务场景。与万物共创表现了物质和非物质共创的领域范围，拓宽服务设计师认知的边界，在真实的服务项目中，应用和展示更多的共创可能性，实现创新思维的输出。

（二）组织变革

服务设计在组织变革中起到了重要作用，在新型组织关系中，设计师更注重服务设计内部与外部的互补与流动，以及服务设计在组织中如何传递价值。通过初试创新研究项目的启动，人们能够看到服务设计在组织内部的使用价值和创新价值，企业内的组织结构并非一成不变，随着外部利益相关者和外部项目与事务的改变，服务设计将起到很好的链接和传递作用。

（三）服务设计道德规范

并非所有服务设计人员在设计基于算法的平台或共同创建使用机器人的平台时都会遵守道德规范。服务设计界重新讨论服务设计的道德规范和服务设计者的角色，重点关注“更加以人为本的服务”的设计。因此，设计人员重新考虑使用游戏化的行为设计。在服务设计中，设计人员可选择服务设计工具和服务设计方法管理设计项目。更具体地说，设计人员为正在进行的内部服务设计实施了敏捷方法，也为数据保护提供了有效方案。

（四）服务设计管理

随着服务设计项目的兴起与迸发，服务设计管理成为必然的趋势。在服务占主导地位的公司中，服务设计领导者有机会在日常工作中注重跨学科协作实践，利用跨部门的可见性引起高级管理层的关注。服务设计师相对来说缺乏用业务语言表达价值的能力，因此服务设计领导者必须继续开发服务设计价值。服务设计领导者应测量和传达服务设计价值的方法，以便获得所需的资金和支持，建立有效的服务设计管理组织。

（五）多方法论整合

服务设计理论本就广为吸纳有价值的理论。多方法论整合成为服务设计领域的一个新的趋势。不同的服务行业有着不同的行业规则、行业资源、行业供应以及行业人员。面对不同的行业，服务设计师需要重新整合内容。多方法论的整合也为实现复杂问题的解决奠定了新的基础，既拓宽了服务设计师的知识，又对服务设计师的素质提出了要求。

参考文献

Manix R.，Penin L.，"Beyond the Service Journey：How Improvisation Can Enable Better Services and Better Service Designers"，*Touchpoint*2（2012）：50－53.

B.10

跨界融合视域下的当代整合创新设计

于 炜 潘雨婷*

摘 要: 在万物互联的背景下，社会诸领域不断深度融合与交互作用，跨界融合已经融汇渗透到社会发展和日常生活的方方面面。设计正在不断突破学理、技术、模式等壁垒，博采众长集成融合地迸发出1+1>2的创新与服务理念。本文从跨界融合视域出发，通过从内涵、特征、原则、方法、路径以及对相关应用案例进行解析等方面对整合设计进行纲要性略论与浅析，以期从设计观和方法论上归纳出整合设计的基本原理框架或范式。总的来说，随着创新的需求以及专业壁垒不断被打破，跨界融合的整合设计愈加受到重视，设计必然成为系统工程。就设计师而言，整合设计要求他们成为“设计导演”或“综合调度”；从互联网背景下的智能社会角度出发，整合设计打破了社会分工之间的壁垒，使人人都具备了成为设计师的可能。在进行整合设计时，不仅要坚守“以人为本”的设计理念，更要强调“天人合一”、社会性统筹和前瞻可持续的原则。

关键词: 整合设计 创新设计 跨界融合

* 于炜，博士，教授，华东理工大学艺术设计与传媒学院副院长、交互设计与服务创新研究所所长，上海交通大学城市科学研究院院长特别助理、特聘研究员，泰国宣素那他皇家大学（Suan Sunandha Rajabhat University，简称SSRU）设计学院特聘博士研究生导师，山西省森林生态绿色发展研究院执行院长，美国芝加哥设计学院（IIT Institute of Design，又名新包豪斯学院）客座研究员，全国文化智库联盟常务理事，核心期刊《包装工程》评审专家等，主要研究方向为工业设计原理与管理、交互创新与整合服务设计；潘雨婷，华东理工大学硕士研究生，研究方向为工业设计。

《易经》中提及“天地合而万物通，上下交而其志同”，世间万物互联互通皆可整合。整合设计具有多层次结构：宏观上的“天地人（天人合一）”及“古今未（历史辩证）”，中观上的“你我他（命运共同）”及“人事物（和谐共生）”，微观上的“文理艺（整合衍生）”及“产学研（创新协同）”。其中，“科技＋艺术＋生态”又是这个大跨界大链接大融汇大整合时代的核心元素和内生动力。

一　变动中的整合设计

（一）整合设计之初始含义

整合设计最早由意大利设计师提出，其定义为“依据产品问题的认识分析判断，针对人类生活质量与社会责任，就市场的独特创新与领导性，对产品整体设计问题提出新颖独特的实际解决方法”[①]。其不仅是简单的1＋1＝2，更是借鉴品牌营销、宣传、科技创新等多个环节，或是参考时间空间等多个维度，实现真正的跨领域、跨维度资源共享。整合设计将复杂的产品、服务、体系打破，再将元素进行重组，实现创新与超越。

（二）时代背景下的新解读

随着经济全球化、信息全球化进程的加速，技术、管理、服务体系等不断完善，全球范围的产品链也在不断整合，高速运作。全球范围的跨国合作、跨领域合作屡见不鲜，各国分工有序，不同的国家能够发挥自身的优势，最终的产品不再是单一国家的特有物，而是多个国家共同生产的产品，从而令资源高效配置。市场的全球化，使得需求与购买行为日趋统一，而产品的整合设计与生产也成为必然趋势。

整合设计从兴起到风靡，离不开人为外因。人类对生存与生活的各类需

① 王效杰：《产品整合设计模式及其应用研究》，《艺术探索》2009年第2期。

求，推进了市场的不断发展，吸引了大批资本涌向任何可能发展的领域，从而促进了经济体系、管理模式大刀阔斧地革新。新的元素、文化、体系不断延伸，从而令整合设计的素材大幅度增加；新的智慧、新的劳动成果不断迭出，产业化的道路也越发多样。2019 年，中国正式步入 5G 元年，其研发建设与场景应用同步进入高速推进期，“5G + 医疗健康”“5G + 工业互联网”“5G + 车联网”等“5G +”模式带动了产业链的连锁反应[①]，5G 技术在垂直细分各行业之中起良性枢纽作用，加速带动了各产业间的转型升级或融合裂变[②]。

同时，整合设计的发展很大程度上得益于人类探索与求知的内因。马克思说：“任何神话都是想象和借助想象以征服自然力、支配自然力，把自然力加以形象化；因而随着这些自然力实际上被支配，神话也就消失了。”[③]跨界融合的整合设计理念在全球范围的普及得益于科技与文化的碰撞和融合的大胆探索与试错，也同样在科技文化的不断融合中发展着。诺贝尔物理学奖得主李政道曾论述：“科学可以因艺术情感的介入使其更富有创造性，而艺术可以因吸取科学智慧的营养而更加绚丽多彩[④]。”科技、经济、文化在不断交织中推动整合设计不断完善，不断创新。

新时代，专业壁垒不断被打破，跨界融合的整合设计愈加受到重视，设计必然成为系统工程。就设计师而言，整合设计要求他们成为“设计导演”或“综合调度”；从互联网背景下的智能社会角度出发，整合设计打破了社会分工之间的壁垒，使人人都具备了成为设计师的可能。

整合的范围并没有明确的定义，一般指不同领域、品牌、风格、功能、形式、时间、空间、文化、经济之间的交叉、融合、创新与超越。在单维度、立体维度以及复合维度上都不难发现自然或人为的化学反应：科学技术

---

① 唐绪军、黄楚新、王丹：《“5G +”：中国新媒体发展的新起点——2019 ~ 2020 年中国新媒体发展现状及展望》，《新闻与写作》2020 年第 7 期。

② 周宪：《视觉文化的转向》，北京大学出版社，2008。

③ 柳沙：《设计心理学》，上海人民美术出版社，2009。

④ 李四达：《交互设计概论》，清华大学出版社，2009。

与艺术设计、人文社会与艺术设计等学科上的融合，东西方文明的互鉴、古今批判地继承、民族文化（例如古印第安文化、中国少数民族文化）的深度挖掘与再创作，多元私人定制设计与共享服务设计的融合并存，等等。新时代，整合设计要求设计师不仅从艺术、实用角度看待产品，更要全面地考虑经济、服务等方面，要求设计师用综合、均衡的眼光看待问题。

二　整合设计的特征和基本原则

（一）整合设计的特征

1. 跨界协同性

整合设计的思维模式是充分利用各种技术手段、管理运行模式以及营销策略等多专业跨领域的有机结合，从设计、生产、营销、售后到再生产等各个环节对产品进行多管齐下地设计的一种系统模式。它打破传统的各部门之间割裂闭塞的形式，联动多个专业团队协同工作，注重产品研发中元素的优化重组。

以4D打印为例："快速增长的市场需求给全球主要行业带来影响，空间工程、生物医学设备、生物材料和通信工具正在从研究阶段过渡到制造阶段，其中复杂的三维纳米结构已经走上了一条新的加工和制造道路。跨界不可避免地与合成材料相结合，提供超复杂的设计，这将影响许多部门的工业加工。"① 2017年，麻省理工学院与纳斯达克上市公司教育研发部门合作研发一种无须连接机电设备就能让材料快速成型的革命性新技术即4D打印技术（见图1）。其本质可以理解为可编程的智能材料加AM技术（即增材制造技术）。4D打印技术从实现形式上就是材料学、信息工程、化学、物理

① Varsha Khare, Sanjiv Sonkaria, Gil-Yong Lee, "From 3D to 4D Printing-design, Material and Fabrication for Multi-functional Multi-materials", *International Journal of Precision Engineering and Manufacturing-green Technology* 4 (2017): 291-299.

等多个学科共同作用的结果，而受益者的范围则更为广泛。[①] 4D 打印的实现，打破了传统制造行业的尺寸约束，在空间、医药、安防和通信等领域都有所突破。4D 打印的出现是新技术带动诸多领域协同共进的具体印证。

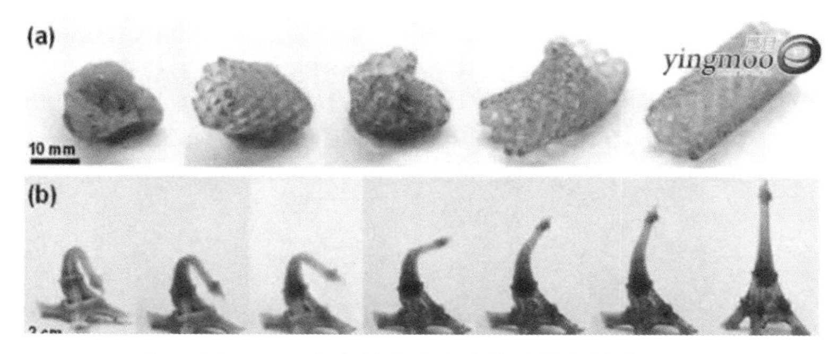

图 1　4D 打印的自然变直的埃菲尔铁塔

资料来源：北京鹰目网络科技有限公司，http：//yingmoo0801. 51sole. com/。

2. 融合集成性

融合集成性具体表现在它的跨越尺度上。整合设计已经向我们展现了其极高的融合集成能力，主要表现在地域、时间、行业三个方面。

以全球化为目标形成的设计链中，各环节可以分散在不同的区域或是国家，因此产品设计具有分布式协同的特点。通过互联网，各地区的产品设计链进行信息的共享，实现资源高效、高速地流通和配置，从而缩短了产品的生产周期以及人力物力成本，因此产品成本得以大幅度降低，资源浪费得以减少。

整合设计不仅在地域上有很大的跨度，更能从不同时段上汲取养分。无论是新古典主义时期的罗马式浪漫，还是现代设计盛行时期的简约实用；无论是工艺美术运动，还是装饰艺术运动；无论是巴洛克风格，还是波普艺术，现代设计可以从历史的内容中借鉴，从表达形式中借鉴，从宣传营销中

---

① Uzair Khaleeq Uz Zaman, Mickael Rivette, Ali Siadat, Seyed Meysam Mousavi, "Integrated Product-process Design: Material and Manufacturing Process Selection for Additive Manufacturing Using Multi-criteria Decision Making", *Robotics and Computer-Integrated Manufacturing* 51 (2018): 169 – 180.

借鉴。例如，来自华伦天奴的设计师皮埃尔·保罗·皮乔利在高定时装周的演出中，为观众带来了复古风格的表演，其设计的灵感来自希腊神话，他还成功地融入了17世纪和18世纪的油画元素，甚至还把中世纪盔甲的元素融入其中（见图2）。[①]

图2　“2019高定时装周”的演出

资料来源：《2019高定时装周：Valentino复古时尚的腔调》，服装新闻网，http：//news.efu.com.cn/newsview－1255833－1.html。

① 贾巍杨：《信息时代建筑设计的互动性》，博士学位论文，天津大学，2008。

3. 有机动态性

设计是永不停止的。产品本身具有生命周期曲线，而整合设计在原先设计的基础上加以改良，筛选过滤出优秀元素，摒弃或改造糟粕，使产品更加适应当下或前瞻性市场。一定意义上来讲，不断地对产品进行改良而不是凭空地创造，这样的行为更贴近市场发展规律，使产品的生命周期不断延长。以苹果手机为例，图 3 介绍了苹果手机发展历程。苹果公司在基本色调及外观形状上一直秉承着批判地继承，推陈出新。除了设计师本人具有前瞻性的审美品位外，消费者对产品的反应也迅速地反馈到新一轮的研发中，从而积累了大量忠实粉丝群体，成功将产品流量转化为品牌流量。作为一个优秀的设计与营销案例，苹果手机无疑向我们展现了整合设计中极强的有机动态性。

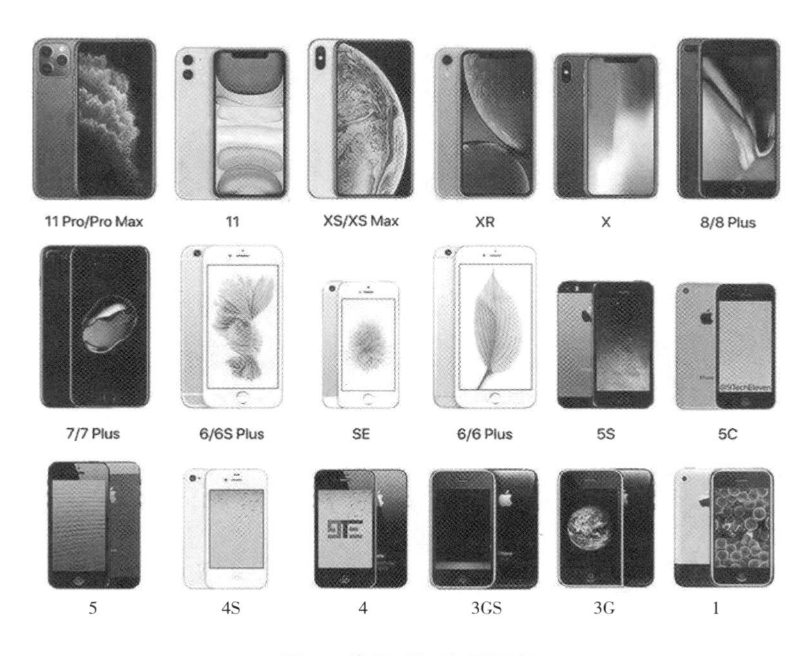

图 3　苹果手机发展历程

资料来源：《一文看尽苹果 13 年的进化史，你的第一款苹果手机是什么?》，搜狐网，https：//www. sohu. com/a/402627593_ 120716248。

4. 交互服务性

交互式服务，是指为用户提供文字、图片、音视频等信息的服务，包括论坛、社区、贴吧、音视频聊天室、微博客、博客、即时通信、分享存储、第三方支付、移动应用商店等互联网信息服务。

交互服务性本质上是把二元交互设计和多维系统服务设计相关理念加以联系，同时强化产品的视觉效果和服务体系的设计，在产品的展现形式上，以互动的方式让用户感受全面、最佳的体验。

5. 新鲜刺激性

虽然整合设计的本质是对原有素材的优化重组或整合加工，但成功的整合设计并非“炒冷饭”式的简单叠加，而是给予用户新的体验，通过挖掘产品新鲜感使用户在感官上受到刺激，增加用户对产品的印象，在一定程度上将其转化为用户黏性。

（二）整合设计的基本原则

1. “天人合一”原则

现代设计中强调以人为本的原则即人性化原则，即凡是与人相关的设计要素，都属于人性化原则的范畴。主要的内容包括实用性原则、易用性原则，这些同样是整合设计需遵循的最基本原则。实用性原则具体体现在产品具备的功能、性能上，[①] 而易用性原则则指产品和用户的关系是否和谐。作为设计的新模式，整合设计不仅要坚守“以人为本”的设计理念，将出发点定在消费者一方，站在用户的角度进行思考，而且最终落脚点也是用户群体；更要强调“天人合一”原则：在设计创意时要把“天”——生态历史性、“人”——多元人因性等进行有机规划与统筹，诸如绿色设计、服务设计和可持续设计均属于这一整合设计原则的有力诠释。

2. 社会性统筹原则

已故大师柳宗理曾提出“设计是社会问题”。这里的“社会问题”不仅

① Janet A. Harkness, Fons J. R. Van De Vijver, Peter Ph. Mohler, *Cross-Cultural Survey Methods* (New Jersey: John Wiley & Sons, Inc. , 2002) .

是对环境主义问题的思考，也是对社会上特殊群体的关怀性问题的思考。优秀的设计节约资源，在材质选择以及生产回收环节都力求以最少的成本、最小的代价，达到最大的效果，不仅为环境保护做贡献，还能主动有意识地寻求各项社会资源的平衡。设计师还应在设计过程中考虑其他社会问题，例如老年人、残疾人等弱势群体，降低产品的“使用门槛”，使设计成果能造福更多群体。

3. 前瞻可持续原则

可持续发展对环境无害的产品，是当今那些既有远见、又有责任心的设计师们的共同目标。①

三 整合设计的应用案例

整合设计是通过设计独特的体验给用户带来强烈的冲击感的，优秀的整合设计体现在两个方面。一是结构方面，表现为突破既有架构的规则或巧妙重组；二是思想方面，表现为试图引起目标群体的情感上的共鸣。设计师可以在设计的任何环节对不同元素进行整合，通过优化产品的局部，提升产品的核心竞争力。而整合设计在实践的过程中，也会受到设计师本人的文化价值观、知识视野、思维模式的影响；还会受到目标群体的文化心理与习俗、固有产品体系结构等因素的影响。

（一）故宫淘宝

提及整合设计与文创产品的结合，其中，文化价值观的制约因素是十分重要的，也无怪诸多欧美大牌为了迎合中国市场而推出的“中国年”系列却未能达到预期效果。例如阿玛尼公司从猴年开始推出新年限量系列，其对中国传统文化的误解颇深且没有经过深入地民意调查，生硬地将中国红与生肖剪影效果的压印拼凑在一起，看起来反而不伦不类。即

① 〔美〕乔治・H. 马库斯：《今天的设计》，张长征、袁音译，四川人民出版社，2010。

便依旧有消费者愿意为此买单，但至少从艺术价值上来看无疑是匮乏的（见图 4）。

图 4　2017 ~ 2018 年阿玛尼公司推出的新年限量版高光粉饼

资料来源：阿玛尼官网。

与之相反，故宫淘宝却是美妆业与中国传统文化结合成功的正面教材。2016 年，故宫淘宝推出的原创纸胶带系列引发了网友的热议。此后，故宫淘宝团队将目光放在了彩妆行业，经过了两年的研发，于 2018 年 12 月推出了彩妆系列：仙鹤系列、螺钿系列以及点翠眼影系列，上市短短一天网络上热议不断，好评如潮（见图 5）。仙鹤系列的设计元素来自北京故宫博物院的珍藏文物红漆边架缎地绣山水松鹤围屏，整体包装风格统一，采取了立体浮雕烫金设计，外形端庄典雅毫无廉价感，无论是视觉包装还是彩妆色调选择，都完美地将古典与现代交融，将中式宫廷古典风格与现代商业风格和谐融洽地糅合在一起。

事实上，早在 2013 年，北京故宫博物院推出的一款“朕知道了”的胶带就曾迅速走红，这是以诙谐简练的现代风格诠释复杂的古典文化的初步试探，在当时取得了令人欣喜的市场反馈。至此，故宫周边以及其他文创产品

图5 故宫淘宝——仙鹤系列产品

资料来源：故宫博物院文创旗舰店。

开始不断地探索将历史与现代生活在各个领域融合的方法，探寻出不同于以往严肃端庄保持古典特色的方式，将轻松诙谐或极具现代文化手段的文化创意语言与古典文化相结合，使传统文化在当下市场有新的意义。例如随着“一带一路”倡议而重新焕发生机活力的敦煌文创，在文学领域也早有整合创新的尝试；再如《明朝那些事儿》《〈海错图〉笔记》《小顾聊绘画》等以现代诙谐的文字阐述历史文化知识甚至其他领域的内容，尽管不少作品毁誉参半，但这仍然为复杂难懂、与当下文化环境有较大差异的文化主题提供了一条相对容易的路径。

（二）喜茶的整合思维

即便当下依旧存在不少设计师在“整合设计”与“跨界设计”间产生概念性混淆的问题，但倘若深入理解整合设计，不难发现其并不等于简单意义上的跨界设计，也并不等于几个互不存在竞争关系的品牌间的合作，而更倾向于品牌的“借力”行为模式，整合的对象是多元化、多维度的资源。

近年来，喜茶迅速崛起，成为饮品界的巨头，其“万物皆可喜茶”的整合思维背后映射了喜茶强大的品牌野心。喜茶不仅从频繁的品牌联动营销合作上进行资源借力，也在其从产品研发到实体销售等多个环节整合诸如环境、运营、所在区域文化的资源，同时还拓宽产品运营手段，加强对线上资源的整合，“滚雪球”般聚集品牌粉丝并提高粉丝黏性。

1. 大范围、分阶段的品牌联名

喜茶成立 7 年来，与无数其他领域平台联动联名，频率较同类产品——奈雪的茶、茶颜悦色等远远高出一筹。而纵观其品牌联名的历史记录，则发现，2017 年喜茶的联名次数少且形式简单，仅有 3 次品牌联名，例如与美宝莲合作推出限定杯套。而在 2018 年，喜茶开始大幅度提高联名的频率并加强与其他品牌跨界合作，2018 年喜茶的联名次数达 11 次，合作对象涉及服装领域和娱乐领域。可以看出，喜茶在品牌联名中始终追求平等的战略地位，目标用户越发集中精准地聚焦在年轻群体上。2019 年，喜茶不断尝试更多元的风格，虽经历了失败的案例，但整体仍呈现更为大胆的发展趋势，

例如与代餐品牌 wonderlab 联名，其目标不再仅是“年轻人”群体，而是更加精准地抓住“有减肥意愿，追求更好身材的年轻女性”群体。

2. 通过不断强化个性化创意与设计增强用户体验

喜茶的整合设计不仅体现在产品的多元跨界上，也体现在局部环节中。例如为体现品牌的“酷、灵感、禅意、年轻化”，喜茶在实体店面的场景设计方面也煞费苦心。如图 6 所示，在杭州国大城市广场的喜茶热麦店实体设计中，喜茶的茶饮文化与杭州的人文氛围相结合，以“茶店”为原型，借其造型文化语言与空间逻辑，整合环境资源与地域文化资源，将喜茶的品牌理念与地域特色融合，给予消费者沉浸式体验。

图 6　杭州国大城市广场喜茶热麦店

资料来源：nota 建筑设计工作室。

3. 整合网络资源，进行数字化转型

随着“喜茶 go”移动应用程序成为喜茶文化的一部分，喜茶也进入了数字化 1.0 的阶段。通过整合大量网络数据，有针对地研究每位消费者的消费行为和消费习惯，实时检测当下消费者的购买趋向并进行匹配，据此判断后续的产品内容与营销策略也是喜茶的重要整合思维。

四　结语

整合创新设计是对未知的探索与对过去的回顾，它可以源源不断地创造新内容。这就是整合创新设计的内在基本原理带来的无限魅力。

参考文献

朱锦雁：《建筑与当代公共艺术的跨界设计现象分析》，《明日风尚》2018 年第 11 期。

B.11
传统匠人的现状及未来*

周 丰　姜鑫玉**

摘　要：在全社会大力提倡“工匠精神”的时代，本文的主要目的在于就千百年来支撑中华经济的传统匠人的现状及未来作论证分析。研究方法为文献分析法与案例分析法，通过传统匠人的分类和历史变迁，从新的社会形势、旅游文化、电商平台、全球化时代、与现代科技结合等方面论述传统匠人的未来与面临的挑战。关于传统匠人未来的思考，涉及社会的方方面面，其中经济是主导传统匠人发展的主要因素，需要对濒于消失的传统匠人及其技艺提出保护建议。

关键词：传统匠人　价值创造　工匠精神

在2016年政府工作报告中，李克强总理首次提出“培育精益求精的工匠精神”，中央电视台也推出大型纪录片《大国工匠》，介绍了来自重工业、轻工业、工艺美术等方面的杰出劳动者。① 目的在于让追求卓越、敬业的工匠精神形成全民族的一种风范，推动中国制造的发展。然而，作为东方农耕

---

* 本文是2019年国家社会科学基金冷门“绝学”和国别史研究专项“消失的碓匠技艺及中华水车文化的保存”（项目号：19VJX160）的阶段性成果。

** 周丰，博士，东华大学机械工程学院副教授，研究方向为设计学；姜鑫玉，博士，东华大学机械工程学院讲师，研究方向为工业设计、产品与信息服务设计、设计认知与色彩心理学。

① 《两会授权发布：政府工作报告》，新华网，2016年3月17日，http：//www.xinhuanet.com/politics/2016lh/2016-03/17/c_1118364353.htm。

民族，自古以来支撑着人民生产生活的传统匠人的现状和未来值得观察和思考。以下从几个方面论述传统匠人的现状及未来趋势。

一　中华民族的传统匠人

（一）工匠

传统匠人，也就是我们所说的“工匠”，亦称为“匠”“工”“人匠”“百工”等。今天，“工匠”还包含设计师、艺术家、工艺美术家、手工艺人等含义，英语包含了“Designer”“Engineer”“Artisan”“Craftsman”“Maker”“Scientist Artist”“Manager”等意思。

（二）工匠精神

传统匠人对自己的产品精雕细琢、精益求精的精神理念，形成了今天各行各业都需要并提倡的工匠精神（Spirit of the Craftsman）。美国社会学家理查德·桑内特在其新作《匠人》一书中认为：“只要拥有为了把事情做好而把事情做好的愿望，我们每个人都是匠人。”工匠精神的核心是对产品无休止的追求的“自虐”性。工匠精神不仅体现在传统手工业产品的制作上，例如芯片等尖端高科技产品也是工匠精神的结晶，而且还是一个民族在历史长河中积淀下来的文化。日本、德国、荷兰等国的现代化大企业依然沿用工匠精神在各行各业开展设计工作。

（三）传统匠人

传统匠人可以根据《考工记》中的“百工”进行分类，《考工记》包括了6类30个工种。[①] 今天，人们所指的“传统匠人”依然可以沿用《考工记》的分类，然而，伴随科技发展新的工种（钳工、焊工等）随之涌现。

---

① 闻人军译注《考工记译注》，上海古籍出版社，2008。

过去，“传统匠人”是走街串巷的穷苦人，他们是有自己的本分和操守的，其中有许多人会对自己的手艺永不满足，手艺做到极致是他们一生的追求。今天，外科大夫、牙医、画家、木匠等从本质上来说都是工匠。[①] 因为，在我们的传统文化中推崇“学而优则仕”“万般皆下品，惟有读书高”的科举制度以及“官本位”思想，传统匠人一直没有相应的社会地位。[②]

（四）传统匠人的变迁

1952 年 9 月，毛泽东提出了从现在开始用十到十五年的时间，中国逐渐由新民主主义社会过渡到社会主义社会的思想[③]，并提出了将生产资料私有制改造为社会主义公有制的“三大改造”，包括对农业、手工业和资本主义工商业的三大改造。传统匠人作为旧社会的手工业者，也属于被改造的对象。改造之后的传统匠人成为劳动人民中的一员。之后，中国社会由于经历了政治运动的冲击，传统匠人的劳动被看成走资本主义，曾有过一段陷于停顿的曲折历史。改革开放后，由于生产方式发生了重大改变，工厂的制造业如雨后春笋般发展起来；同时，海外各种商品的涌入令人们的日常生活逐渐不再依赖传统匠人的技艺。在企业的流水线，在手工作坊，以传统师徒制及家族传承为代表的匠人也逐渐消失。今天，只有远离都市的农村及少数民族地区的极少数匠人的技艺是真正源自家族或师傅的传承。

今天，全国的匠人大多不是地道的传统家族直接的传承人。他们中的一些人是出于兴趣涉入匠人的行业的；绝大多数属于半路出家或因商业需求等某种巧合，才涉入匠人的行业的。例如某市的制墨工艺是百年老品牌，前些年被私人并购并进行了改制，现在的制墨匠人都是后来招募的员工，并不是传统意义上受过严格培养的匠人。

因此，今天许多匠人的内心并没有形成对本行业的那份执着的情感，他们没有接受过系统的工匠技艺的培养。只有极少数天分高的匠人广泛地吸收

---

① 来自“工匠精神”首提者聂圣哲先生的推文。

② 周志友编《德胜员工守则》，安徽人民出版社，2006。

③ 王伟光主编《社会主义通史：第五卷》，人民出版社，2011。

行业知识，积累了很深的造诣。例如某位著名漆器传承人曾接受媒体访问，其作为非物质文化遗产传承人已成为当地的名片。这位传承人年轻时是工艺品厂的学徒，受过老匠人的熏陶。改革开放之后，其制作的漆器与时俱进，如今生意非常红火。

绝大部分匠人通过自学或受相关人群的影响，形成片段的手艺。因此，他们身上缺少传统匠人那种“诚实、勤劳、脚踏实地、不走捷径”的工匠精神。如有的人为了打动客户，有过分吹嘘自己产品的现象；有的人为了眼前利益，出现不顾产品质量砸了品牌的情况。例如某产地的茶叶是百年老字号，由于管理人员对产品质量把关的懈怠，百年老字号声誉严重受损。因此，今天的匠人与传统匠人在技艺和精神层面是脱节的、是断层的。

二　中国传统匠人的技艺

（一）历史上对中国传统匠人技艺的认知

中华民族传统匠人自古就具有高超的技艺，从今天的墓葬中出土的青铜、玉器等可以窥见古代匠人高超的技艺。战汉玉器中的“绞丝纹玉环”以斜阴线琢刻相互不交叉的粗线绞丝纹制作而成，因其纹线阴阳相间，形如扭曲的束丝而得名；宋代水运仪象台就是传统匠人技艺的杰出代表，在中华文明史上文化繁荣的赵宋之世，像水运仪象台这样的创新，因缺乏整个社会系统的支持，其制作并没有流传下来，成为古代杰出匠人苏颂等天才们孤独的表演，直到20世纪才成功完成复原工作。如今我们去故宫等名胜古迹游览，都能感受到传统匠人的高超技艺。

学者王琥认为：“我们能够看到的中国设计史、工艺美术史，基本归于古代官办器具史，而且越接近‘御用’，评价越高。我们一方面空洞地歌颂‘古代劳动人民的聪明智慧’，另一方面却对真正代表了中华民族的手工艺从心底里鄙视。”然而，民具朴素的实用价值、非常广泛的适用人群和长久的使用时间，成为中华传统造物的主流，影响着中华传统造物的发展，即便民具在历史上没有有利的社会物质资源。①

英国科技史学家李约瑟对中国古代的技术发明做了深入调研，为世界了解中国古代科技打开了一扇神奇的大门。美国人鲁道夫·霍梅尔花费8年时间在20世纪初的中国内地考察了各种民具，回国又潜心整理了10年，完成了《手艺中国》一书，书中记载了大量的传统工具的珍贵图片资料。

（二）传统手作与民间艺术

过去乡村风景中随处可见的道具与农村日常生活中常使用的物件（如锅碗瓢盆、扁担、粪桶、牛鼻栓、长条凳）被称为“杂器”“杂具”“粗货”“不值钱的”，都是难登大雅之堂的东西。因为它们既是民众在日常生活中经常使用的物品，又是大量制作的、到处可见的、能够便宜买到的物品，也是最常见的传统匠人手作产品。

在乡村生活中，民间艺术品随处可见。受日本民艺学影响，潘鲁生等艺术家创建了民艺馆，对中华传统的民间艺术（如剪纸、泥塑、面塑、刺绣、年画、版画、皮影、戏曲等）进行了继承与发扬。由于中国传统匠人制作的民间艺术品逐渐受到众多国人的喜爱，2011年，中国美术学院象山校区成立了“民艺博物馆”。② 此博物馆由日本著名建筑设计师隈研吾设计，在流水环绕的象山半山腰上依山而建，隈研吾将他的“负建筑”理念融入这座建筑，新建的博物馆自然地消融于原有的山水之中。

三　中国传统匠人的未来

对传统匠人未来的思考，涉及社会的方方面面，其中经济是主导传统匠人发展的主要因素。本节从如下五个方面讨论传统匠人未来发展的前景。

---

① 王琥：《设计史鉴：中国传统设计文化研究》，凤凰出版传媒集团，2010。

② 艺术中国网，http：//art. china. cn/。

（一）新的社会形势促进传统匠人技艺的传承

1. 新市场和新观念

进入 21 世纪之后，人们开始由便利的物质生活转向追求精神层面更为丰富的生活。在过去的 20 世纪中，因为生活空间狭小，市场受地理因素的制约。设计方法是理解了市场的需求，制作与市场对应的产品。然而，多样化的 21 世纪，过去那种受地理因素制约的市场观念无法应对新的变化。21 世纪的设计方向开始超越了受地理限制的固定市场观念，产品设计的当务之急是首先要知道做什么样的产品，提供何种服务。产品朝着定制化、个性化的方向发展。这些变化也为传统匠人的发展提供了巨大契机。传统的地缘市场不再重要，在互联网上，形成了如 QQ 群、微信群等新的市场。此外，人们的生活观念也在悄然发生变化。如日本人山下英子提出了“断舍离”的理念。“断舍离”虽然建议人们不要盲目地增加不必要的产品，但对于产品的质量提出了更高的要求。因此，无论是工业产品还是传统匠人设计的产品，人们都需要其具有好的质量、耐久的性能。

2. 生态环保

今天，在生态环保及可持续发展的理念下，人们对于用环保素材制作的产品的需求也骤然增加。例如：用环保素材制作的手工皂等产品受到广大用户的青睐，因此，传统匠人运用环保素材所制作的产品会得到一定程度的振兴与发展。即使在大都市的角落，仍可以看到一些从事修鞋、修伞、磨刀、缝纫的匠人，平民百姓仍需要他们的手艺解决生活问题。像“民艺”这样的手作产品，就地取材、不浪费资源，是具有生态美学的意义的，体现了传统匠人的生活智慧；同时，“民艺”之美朴实无华，具有人们追寻乡愁的情感元素。柳宗悦曾说：“人类智慧得异常的进展，促进了机械的发明，显示了人的智慧的种种胜利。”工艺技术的产生正是这种“人类智慧的发展”的反映。中国传统匠人及其技艺的发展，是由一个个活生生的人来完成的，作为特定时代的匠人，他们的发明创造体现了特定时代的思想，有着时代的印记。今后，手作产品仍需延续其千年的师徒传承及“工匠精神”并沉淀于中华民族的血脉之中。

3. 地方创生

在地方创生（Placemaking）的理念下，匠人所制作的产品同地域文化相结合，从而形成新的文创产品设计理念。目前，文创产品开发在闽南地区得到很好的推广。地方创生原本是日本政府为应对（东京）一极化发展而制定的国家战略。如今，在中国的广大乡村，年轻人外出务工，老人和儿童留守，空寂的山村可以通过地方创生恢复其原有的文化和活力。例如，安徽黄山市黟县美溪乡就通过恢复竹排的技艺发展起旅游事业。中国有丰富的地域文化资源，如山西的花馍、苗族的刺绣等都是文化产品丰富的创意源泉。

总之，人们对产品质量提出了更高的要求，质量不合格的产品必然面临市场份额压缩或被淘汰出局的命运。部分传统匠人已适应社会形势的发展，懂得包装自己，已获得可观的收入并取得成功。目前，国家对于已经成功的匠人技艺的传承有相应的补贴，但对于濒临失传的匠人技艺的挖掘与保护（如制作水车的传统碓匠技艺[①]）工作势在必行，因为面对无法预见的未来，我们或许还会使用传统匠人的某种技艺。

（二）旅游文化促进传统匠人技艺的发展

旅游文化开始深入人们的生活，人类已经进入“移动文明”的时代。[②]人们喜爱到各地探险，释放工作压力，寻找“诗和远方”。人们通过自驾游、短途旅行，甚至是骑自行车的方式深入农村、乡镇或少数民族地区。对于长期生活在都市的人们来说，他们会好奇地发现一些匠人制作的产品。匠人的产品相对于冰冷的工业产品来说更有温度感，所呈现的构造之美、材料之美、意匠之美、使用之美、生活之美增添了人们对匠人所制作的产品的喜爱。例如，茶壶、银器、木器等。因为匠人制作的产品附着了游客们短暂旅行生活的回忆，在不知不觉中成了某地的粉丝，并希望能再次购买到某地的

① 周丰、许焕敏：《承载乡愁的设计——中华传统水利机械之美》，科学出版社，2018。

② 鲁勇主编《旅游思辨》，社会科学文献出版社，2019。

产品。回家后，大多数人会将产品及旅行中发生的故事分享给周围人，在此过程中共同形成新的价值创造。这个过程不是短时间内通过某次旅行所获得的赢利价值，而是在时间的流逝中产生了消费。①

伴随着今天“慢时光”及“民宿”产业的发展，厌倦了都市快节奏生活的人们会来到乡村短暂的休整。通过与游客的闲谈，传统匠人总会获得灵感及商业资讯，增添他们坚守下去的信心。在这种情形下，收入的提升能让传统匠人的技能得到振兴。

如今，城市的风景悄然改变。居住旧所、传统匠人的作坊以及弄堂浸润着去都市打拼的人们许多美好的回忆。被人们长期使用并习惯使用的东西，即使旧了，也是不会轻易丢弃的。因为这些物品承载着自己的人生，附着了满满的回忆。长期以来物品被看作是利润的源泉，至今，现代设计中尚未考虑到“爱着”的力量。也就是说，消费不过是一时发生的现象而已。然而，从流淌的时光中考虑价值，从人们对物体的“爱着”来考虑，则是完全不同的价值创造的研究。在这种情形下，手艺好的传统匠人则会赢得不少用户和粉丝。传统匠人可以以创造美好的回忆和故事为出发点，制作高质量的产品，尽可能地延长产品的寿命周期。

（三）电商平台推进传统匠人事业的发展

电商平台的发展为传统匠人制作的产品带来许多销路。淘宝、抖音等平台上传了许多传统匠人制作的产品及产品制作过程的视频。用户可以通过这些平台与传统匠人沟通、定制产品。例如，定制钢笔、陶器等，并可有用户的名字。电商平台对于传统匠人事业的存续起到正面的推进作用。

从总体看，电商平台上为数众多的传统匠人会借助现代机械制作部分产品，例如，玉石切割打磨、手串制作等。此外，传统匠人还会借助新的工艺技术模仿产品的制作，如模仿和制作海外产品。还有，电商平台也会出现赶潮流的“一窝蜂”现象，这是传统匠人运作状况的常态，但传统匠人需要

① 福田収一：《デザイン工学》，日本放送大学，2009。

品牌。

历史原因曾使中国传统匠人的传承出现断层。因此，新兴的匠人在审美上更喜爱华丽的、高大上的设计，他们更需要沉静下来磨炼技艺，而对于那种朴实无华、有内涵的设计，新兴的匠人在审美方面还有很大的提升空间。今天，新兴的匠人与传统匠人的区别是，他们已经认识到设计的巨大作用，并扮演着一部分设计师的角色。

（四）全球化时代下坚守“工匠精神”

伴随着全球化（global）时代的到来，各国传统制作技艺也会发生碰撞。例如，传统匠人“阿木爷爷”的木工制作视频得到各国匠人的喜爱，获得很高的点击率。

今天，越来越多的中国人到海外旅行或工作。外出期间，人们会被琳琅满目的充满异域风情的产品吸引，感到好奇。因此，近年来海淘等商业活动开始火热起来，其中就包括大量海外匠人所制作的产品。例如，人们青睐海外匠人制作的手表、烟斗、铁壶、雕塑等。海外匠人所制作的产品会给国内匠人带来一定的压力，同时，也启发国内匠人发现自身技艺的优势和与海外匠人制作技艺的距离。一件件商品都附着了“匠心”“匠魂”的日本匠人精益求精的对待产品的制作过程，让国内许多匠人折服和惊叹。海外匠人技艺的展现，也提醒国内匠人不可盲目嘲笑海外匠人的技艺，应该坚守中华民族传统的匠心，寻回我们这个时代失去的“工匠精神”。

（五）传统匠人的技艺与现代科技结合

科技的迅猛发展令传统匠人开始尝试与科技结合，形成新的产业模式。例如，人们开始利用激光雕刻或增材制造技术对商品塑型；借用 CAD 等软件进行绘图、计算，等等。日本新干线高速列车的车头就是传统匠人用锻造手法打制出来的，焊工可以利用现代焊接技术呈现优美的肌理效果。过去走街串巷修碗补盆的“锔瓷工艺”，如今可以采用高硬度玉石打孔针、金刚石钻头以及电动工具修复各种造型，把传统的锔瓷工艺向前推进。四川成都的老匠人曹立熹采用竹纤维制作梅花桩乒乓球拍，他制作的球拍比过去的球拍轻巧、弹性好，受到许多选手的青睐。今天，从民用产品到航空用品、从乡土设计到时尚设计，传统匠人的技艺都积极与现代科技相结合，发挥巨大作用。

如今，人们意识到并不是凡是模仿古老的东西都是好的，传统匠人所做的努力中，只有那些能够向未来延展的某种产品，才配得上传统的名号。因此，传统匠人的技艺与现代科技相结合会达到前所未有的高度，并有无限的发展空间。

四　后疫情时代传统匠人面临转型

2020 年初暴发的新冠肺炎疫情给人们的生产生活带来深远影响。本文预测：后疫情时代的传统手作产品中，那些特别具有人性魅力的、情感化设计的产品会得以延展。疫情好比是个变压器或催化剂，把原本需要 10 年时间缓慢发展的事情在未来几年内迅速发展起来。因此，对于一些制作中低端产品的传统匠人，他们面临着转型，应务必朝着制作更精致的方向努力，将技艺推至极致。传统匠人需要与文化公司、设计公司联合，只有对品质更专业、更极致地提升，才能稳健向前发展。

五　结语

首先，因为传统匠人受到“行会制度”的严格约束，所以能够保证产品的规格与质量以及价格的稳定，例如，传统的“秤”的制作就受到严格的约束。如今，我们面对更为开放和包容的社会，应当遵循“工匠精神”首提者聂圣哲先生所提倡的“诚实、勤劳、脚踏实地、不走捷径”的理念。只有遵循此理念，中国才能由制造大国走向中国精造的强国，唯有夯实制造业的基础，未来的“中国智造”才能腾飞起航。千百年来由传统匠人所维系的造物的理念，在今天的社会依然重要。

其次，传统匠人对古法技艺的传承应持有敬畏之心。古法制作的茶叶、酒等一系列传统技艺都是传统匠人在长期实践摸索中沉淀下的宝贵经验，有其深厚的技术与文化内涵。只有在对传统技艺比较了解的基础上利用现代化科技手段谨慎创新，才能将古老的传统匠人的技艺推到前所未有的高度，促进文化的繁荣与发展。

再次，世界的发展越发依赖现代科技文明所带来的便利。然而，任何单一的解决问题的方法都会在未来的某个时间点存在不可预知的风险，多元化的解决方案才是人类应对未来所持有的态度和素养。因此，对传统匠人技艺的挖掘、保护、保存和与科技相结合的再创造，会丰富人类解决问题的方法。

最后，市场决定了传统匠人的技艺能否传承。对于那些懂得包装自己、较为成熟并颇具声望的传统匠人，他们已成为当地的名片，政府给予其锦上添花似的支援。而对于那些濒于消失的传统技艺（如制作水车的传统碓匠技艺），当地政府还应给予雪中送炭般的支援。例如，通过支援传统匠人收徒、办讲座或为其提供场所等方式，保护濒于消失的传统匠人技艺。

比较与借鉴篇

Comparison and Experience Reports

B.12 全球工业设计发展现状与趋势（2021）

于 炜　于 钊　姜鑫玉*

摘　要：2019年以来，全球工业设计发展面临新技术、新场景、新挑战和新机遇，这不仅表现在以大数据、物联网、人工智能以及5G等技术为代表的新兴科技突飞猛进的发展上，更反映在国际经济、政治、科技、文化以及人们的思想观念和行为方式的变化上。本文对近年来全球工业设计的发展进行梳理解析，对未来趋势进行研判，根据全球工业设计综合化、系统化的理念变化，提出要注重人工智能与工业设计的结合、设计理念与评价

* 于炜，博士，教授，华东理工大学艺术设计与传媒学院副院长、交互设计与服务创新研究所所长，上海交通大学城市科学研究院院长特别助理、特聘研究员，泰国宣素那他皇家大学（Suan Sunandha Rajabhat University，简称SSRU）设计学院特聘博士研究生导师，山西省森林生态绿色发展研究院执行院长，美国芝加哥设计学院（IIT Institute of Design，又名新包豪斯学院）客座研究员，全国文化智库联盟常务理事，核心期刊《包装工程》评审专家等，主要研究方向为工业设计原理与管理、交互创新与整合服务设计；于钊，上海交通大学博士研究生，佐治亚理工学院联合培养博士研究生，研究方向为工业设计、交互设计；姜鑫玉，博士，东华大学机械工程学院讲师，研究方向为工业设计、产品与信息服务设计、设计认知与色彩心理学。

体系的本土化，以明晰全球工业设计的发展现状及趋势，为中国工业设计发展提供前瞻性的理论思考与实践建议。

关键词： 工业设计 绿色设计 人工智能

一 全球工业设计发展现状

以工学、美学、经济学为基础的设计早就萌生于人类第一次把石头和贝壳做成工具和装饰的设计 1.0 时代；而以创新为灵魂的工业设计的正式起源，则是基于机械化大批量生产的工业革命时期，称之为设计 2.0 时代；工业产品的发展从初期的流线型风格，发展到后期的斯堪的纳维亚风格和其他倾向于多样化的后现代主义风格。

（一）全球持续关注工业设计发展

纵览全球，在代表性国家和热点地区，随着实体经济的回归，工业设计的投入不断加大，其不仅影响人类的生活方式，而且随时引领社会的潮流。工业设计的范围不是一成不变的，在社会风俗与人类观念转变的同时，全球工业设计的目标、作用、手段、功能等一直在与时俱进，不断发展其内涵与外延，以适应时代的需要。综合来看有以下几个原因。

首先，新技术新场景带来了新的需求。人们对工业产品提出了新要求，包含物质层面以及精神层面。此外，人们更注重产品的质量、品牌的传播以及产品的使用功能。所以，人们的消费方式和消费习惯正在向多样化、个性化、高端化改变，工业设计是在产品使用功能的基础上对产品的再创造和再提高。

其次，自国际金融危机爆发以来，主要发达国家经济增长缓慢，各国亟须对经济增长方式进行调整。多数产品产量已进入高峰期，多数行业产能过剩，如何才能提高 GDP？靠什么来提高工业增加值？如何有效优化与推进供给侧结构性改革？从产品来看，运用工业设计对产品的功能、结构、形态、色彩、安全、包装等方面进行整合优化、集成创新，给它注入文化、艺术、数字等因素从而提升产品的附加值，这种附加值不仅是有形的存在，更多地则表现在无形的感觉之中。所以，工业设计的特点是投入少、周期短、回报高、风险小，这些都是工业设计突出的优势。可以说，工业设计是制造业价值链中最能实现有效增值和实现便利的环节，是增强企业竞争力、促进产业结构升级的一个重要手段。

最后，对于多数发展中国家来说，工业设计的发展还远落后于发达国家。以中国为例，中国的经济体量大、市场大，工业设计大有用武之地。中国的工业门类齐全，在联合国确定的41个大项、191个中项、525个小项的工业门类中，只有中国是最齐全的，而且多数产品的产量已经是世界第一，产品的价值链亟待向中高端迈进，工业设计的市场需求量远远低于社会需求。工业设计在多数发展中国家起步晚，伴随着新一轮科技革命和产业革命的演化，工业设计的内涵也在不断地深化、扩展和延伸，正是发展中国家创新驱动转型发展的最佳契机。

（二）工业设计水平影响国家竞争力与创新能力

专利所有权被广泛地视为一个国家工业技术和工业设计水平的重要标志。2019年，全球通过《专利合作条约》（PCT）体系共计提交了265800件国际专利申请，相比2018年的253000件，增长了5.1%。2019年，中国国际专利申请量超越美国位居第1，打破了美国41年的垄断，这是自1978年世界知识产权组织（WIPO）运行《专利合作条约》体系以来，美国首次失去头把交椅。1999年，中国向WIPO提交的国际专利申请只有276件，而2019年已达58990件，20年间中国的专利申请量增长了200多倍。[①] WIPO总干事表示："中国的成功归功于领导层深思熟虑的战略，领导层不断推进创新，使中国成为一个经济运行在更高水平上的国家。中国迅速跃升至专利

---

① WEF, *The Global Competitiveness Report 2019*, http://www3.weforum.org/docs/WEF_TheGlobalCompetitivenessReport2019.pdf.

申请量首位，这突出表明，长期以来，创新地理格局在向东方转移，亚洲人提交的申请现已占全部申请量的半数以上”。

《2019 年全球竞争力报告》指出：中国通过 PCT 共提交了 58990 件国际专利申请（2018 年 53345 件），位列全球第 1；美国以 57840 件国际专利申请（2018 年 56142 件）位列全球第 2；日本以 49706 件申请位居第 3；德国位居第 4（19742 件）；韩国第 5（19085 件）。而且值得注意的是，在 2019 年国际专利申请量中，亚洲申请量占 2019 年全球申请总量的 52.4%，而欧洲（23.2%）和北美（22.8%）申请量则分别不到 1/4。除此之外，华为是连续三年稳居全球专利申请量第一的企业，仅 2019 年国际专利申请就达到 4411 件。

《2019 年全球竞争力报告》数据显示，企业是专利申请主力。比如在排名前 5 的申请单位中，华为公司以 4411 件专利申请位列全球第 1，与排名第 2 的日本三菱集团（2661 件）拉开一个身位——而 20 年来，华为公司从深圳一家交换机小厂商成长为全球第一的电信巨头。排第 3 至第 5 位的依次为：韩国三星集团（2334 件）、美国高通公司（2127 件），以及中国公司 OPPO（1927 件）。而在排名前 50 的申请单位中，京东方（BOE）排名第 6、平安科技排名第 8、中兴通讯股份有限公司排名第 18、大疆创新排名第 23。在 BAT 三大巨头中，阿里巴巴排名第 25、腾讯排名第 43。值得一提的是，OPPO 可谓进步神速，2018 年还在 10 名之外，但短短一年时间，竟然挤进前 5 名。而 OPPO 的蓝厂兄弟维沃以 603 件专利申请排名第 34——同样也是一年之间暴涨，因为 2018 年其只有 179 件专利申请。毫不夸张地说，正是这些狂飙突进的中国公司，合力把中国推上了国际专利申请量第 1 的宝座。当然，来自科研机构和高校的力量同样重要。在教育机构中，美国加州大学（包含各大分校）在 2019 年保持着最高排名，已公布的专利申请为 470 件。来自中国的清华大学（265 件）位居第 2、深圳大学（247 件）则位列第 3，甚至超过了排名第 4 的麻省理工学院（230 件），第 5 名也来自中国：华南理工大学（164 件）。在排名前 50 的大学中，美国大学有 20 所，中国大学有 14 所。

如图 1 所示，2019 年，通过国际设计系统（海牙系统）提交的工业设计专利申请量排名前 10 的国家为：德国（4487 件）、韩国（2736 件）、瑞士（2178件）、意大利（1994件）、荷兰（1376件）、美国（1351件）、法国（1298件）、日本（1152件）、中国（663件）和英国（548件）。中国较2018年增长110.5%，目前位列全球第9。说明虽然我们的工业设计水平稳步上升，但还有发展的空间。

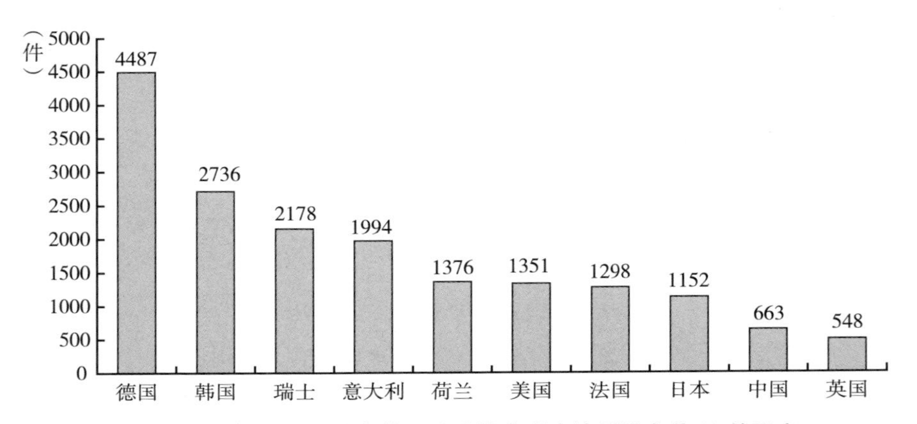

图1　2019年WIPO公布的工业设计专利申请量排名前10的国家

资料来源：World Intellectual Property Indicators 2020。

从2019年全球创新指数（GII）可以看到，发达国家和发展中国家继续将“设计立国”作为国家战略。世界金融危机的爆发以及国际经济一体化的进程使发展中国家日益意识到，依靠资源消耗、低附加值的劳动密集型产业，无法实现民族的复兴和可持续发展。此外，由于工业设计已成为提高企业自主创新能力、打造核心竞争力的战略工具，其发展也越来越受到各国政府的高度重视。世界主要发达国家及发展中国家政府纷纷制定本国工业设计的宏观发展规划，并将其纳入国家政策的战略性范畴（见表1），力图通过有效的宏观规划与调控，探索设计使经济得到稳定表现的思路与途径①，我们可以看到，国家竞争力排名与创新、设计能力的排名息息相关②。

① Cornell University，*Global Innovation Index Report* 2019，https：//www.globalinnovationindex.org/.

② 朱海扬、姚景淳、丁崇泰：《国家创新力减退了吗？——基于全球创新指数的研究》，《科技管理研究》2020年第2期。

表 1　世界主要发达国家及发展中国家的工业设计宏观发展规划

国家	国家竞争力排名	创新与设计能力排名	国家设计政策	主要关注领域
新加坡	1	6	新加坡国家设计振兴政策	亚洲品牌；设计文化
荷兰	4	15	荷兰国家设计振兴政策	设计规划；国际开发；基础设施
日本	6	9	日本国家设计振兴政策	国际设计交流；大众设计利益；基础设施
英国	9	18	英国国家设计振兴政策	国家品牌
芬兰	11	3	芬兰国家设计振兴政策	设计教育；可持续发展；设计监督
韩国	13	1	韩国国家设计振兴政策	本地创新；基础设施
澳大利亚	21	19	澳大利亚国家设计振兴政策	设计意识；国际奖项；设计网络
印度	68	26	印度国家设计振兴政策	设计供应

资料来源：世界经济论坛发布的《2019 年全球竞争力报告》；世界知识产权组织、康奈尔大学共同发布的 2019 年全球创新指数（GII）。

正如世界知识产权组织总干事弗朗西斯·高锐所说："2019 年全球创新指数表明，在国家政策中优先考虑创新的国家其排名显著提升。中国和印度等经济大国排名的上升改变了创新格局，体现了政策行动有意促进创新。"尤其在疫情和经济下行的背景下，工业设计成为提升一个国家创新水平、总体实力的重要途径，未来各国将继续在创新和设计领域投入。

（三）全球化曲折迂回，但中国工业设计在国际上的角色越来越重要

全球化和经济一体化的进程在不同的时间点存在不同的情况，甚至在某些阶段出现倒退，但全球化的趋势尚未扭转。全球化意味着更有效地分配资

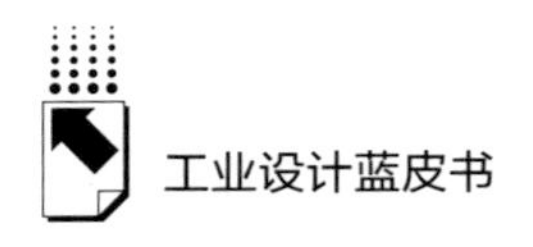

源，从而最大限度地提高生产效率和降低跨国企业的成本。事实上，许多人已经看到了全球化的另一面，例如富人和穷人的两极分化以及发展的不平衡，因此反全球化赢得了许多支持者。但它只是提醒我们，世界需要更好的全球化，使更多的人受益。从经济角度看，贸易保护并没有被证明是一种有效的手段，它能更好地保护我们的企业和提高消费者的利益，但不利于全球经济的复苏。特别是在高度一体化的全球经济中，任何独特的设计政策都不能真正达到目标。对于工业设计行业来说，工业设计位于价值链的源头，处于创新链的前端，是制造业的先导环节，也是产业转型升级的重要引领，还是工业经济的放大器，更是创新创业的加速器。工业设计将需求的价值性、数据和技术的可能性，以及商业的可行性进行整合，将创意和机会转化为价值，它既可以促进产品换代、提升用户体验，又可以再造商业模式和流程，甚至可以成为加速企业社会价值转变的重要引擎。协同创新、社会创新的普及，以及设计的全球化可能会遇到阻力，但并不会因此而倒退，全球范围广泛的设计协作仍然是未来的趋势。

经过多年的努力，中国工业设计的规模和水平已在国际上具备了日趋强劲的竞争力和引领性。在一批优秀企业如中国高铁、华为公司、小米公司、海尔公司、中国一汽等的引领下，中国设计已让世界刮目相看，一批代表中国文化和国际前沿创新理念的设计师和设计公司日益活跃在国际舞台。

2020 年 4 月以来，全国各地工业设计项目集聚迸发。首都工业设计研究院、北京城市副中心张家湾设计小镇在京启动，烟台国际工业设计名城十大工程重磅发布，重庆市实行工业设计人才职称认定制度，中国工业设计协会全国工业设计人才创新能力水平认定工作正式启动，中国工业设计协会与卡奥斯 COSMOP 工业互联网平台等开启战略合作成为亮点。广东、山东、浙江、江苏、重庆、上海、北京等地接连发布促进工业设计发展相关政策，相继举办高规格、高层次的工业设计活动，争创国家工业设计研究院、抢夺工业设计高端人才。2019 年 10 月，工业和信息化部等部门发布《制造业设计能力提升专项行动计划（2019 ~ 2022 年）》；同月，世界工业设计大会暨国际设计产业博览会在烟台召开，大量的新技术、新产品、新服务、新业

态，以及来自世界各地的全球顶尖人才云集烟台，产生了一系列重大成果。未来，工业和信息化部将继续开展中国优秀工业设计奖的评选和设计扶贫工作。

以下为国内致力于为全球工业设计发展贡献力量的部分机构或代表性活动。

1. 中国国际工业设计博览会

中国国际工业设计博览会是中国政府主办的中国工业设计年度盛会，专业权威，求真务实，影响日隆，至今已经连续举办四届。2020年中国国际工业设计博览会由工业和信息化部国际经济技术合作中心、中国国际贸易促进委员会电子信息行业分会主办，博览会以“新设计、新趋势、新动能”为主题，来自全国24个省、自治区、直辖市等300多家企业参展，展览面积为20000多平方米。本届博览会专门设立了防疫抗疫展区和设计扶贫专区，展示了工业设计在CT机、呼吸机、个人防护等防疫抗疫物资上的应用以及精准扶贫、乡村振兴、美丽中国建设等方面的丰硕成果。本届博览会还安排了开幕式、高峰论坛、赛事评奖、“设计师之夜”等丰富多彩的活动。高峰论坛以“工业设计新理念、新模式赋能智能制造”为主题，邀请中国工程院院士、国际国内知名设计师及专家学者参会发言，解读工业设计新内涵，助力中国智能制造产业不断增强创新力和竞争力。

2. 世界工业设计大会

世界工业设计大会已经成功举办三届，参加国家超过50个，得到各个国家和省区市的高度重视和支持，是对外展示中国创新、面向未来开展国际合作的重要窗口。世界工业设计大会促进世界各国在大会平台上开展多元化合作，以设计产业为内涵，以工业设计创新产业链为延伸，以产业互联网为运营载体，以高端装备、信息智能、消费升级、文化创意、青年创业等为重点领域，形成上下游供需合作、共创共赢的合作枢纽，吸引全球工业设计高端人才汇聚，打造工业设计全球高地。

3. 世界设计产业组织

世界设计产业组织（Global Design Industry Organization，GDIO）是第一

个由中国发起、总部设在中国的国际设计组织，也是设计产业合作的全球创新网络。GDIO 为企业和创业者提供产业链整合、投资孵化、设计标准、市场转化等方案。2020 年 7 月 18 日，世界设计产业组织全球上线仪式举行，意大利设计师安东尼·玛吉亚索斯（Antony Margiasso）设计的徽标正式发布。

4. 卡奥斯 COSMOPlat 工业互联网平台

2020 年 7 月 18 日，卡奥斯 COSMOPlat 工业互联网平台与中国工业设计协会、山东省工业设计研究院达成战略合作，通过聚合全球一流的研发和设计资源，实现跨界融合和协同创新。该平台可以通过“设计赋能 + 产品孵化”的开放式创新模式，全流程引入用户参与设计体验，构建以设计为核心的共享生态，给制造实业插上“设计 + 智造”的翅膀，发挥“工业设计 × 工业互联网”的乘数效应。最终目标是以卡奥斯 COSMOPlat 工业互联网平台为依托构建产业集群，打造全球设计产业高地；与中国工业设计协会及目前唯一一个国家级智能制造工业设计研究院“山东省工业设计研究院”等合作伙伴一起，为设计师和设计公司提供全链解决方案，助力工业设计成果高效转化，催生万亿级消费市场。

5. 中国工业设计联合创新大学

中国工业设计联合创新大学是由中国工业设计协会联合国内外多所知名大学、多家知名企业发起的跨学科、跨产业、跨高校的双创人才联合培养平台和设计产业科创平台，以企业研发专项和创业项目为产教融合、校地融合的科创机制与内容，培养具有国际竞争力的高素质复合型设计人才，建成后预计每年将有 20 所名校的硕士研究生、博士研究生与轨道交通、海洋工程、高端装备、智慧家庭、智能移动服务等信息和数据领域的龙头企业联合开展创新设计工作。

二　全球工业设计发展趋势

近年来，信息技术飞速发展，人工智能、区块链、云计算、大数据和

5G 等新技术的应用推动了产业周期快速迭代，冲击着现实社会的生产力和生产关系，新一代信息技术和实体经济正在进行广泛的深度融合，催生更多的市场机遇。2020 年初暴发的新冠肺炎疫情对各行各业产生了深远影响，在政策、技术、市场等多重力量的推动下，工业设计行业始终处在创新前沿，步伐不断加快，应用发展快速突变，基于人工智能和产业互联网的结合为智能制造创造无限可能，探索应用的范畴也由物理依赖相对较重的制造领域快速向数字信息领域、产业孵化领域、智能制造领域、工业互联网领域延伸扩展，成为应对市场快速变化、不断推出迭代产品、创造时代群体品牌、链接用户大数据和实现大规模定制的最佳创新模式之一。未来的工业设计到底会走向何方？在新的时代里工业设计会出现哪些新的潮流？

（一）综合化、系统化的设计理念

综合化是现代工业设计发展的趋势。随着用户需求的多样化及大规模设计定制服务的发展，跨自然科学和人文科学等多学科交叉的系统设计必将成为工业设计发展的方向，未来的工业设计将朝着多元化、更优化、一体化的方向发展。此外，对工业设计系统化的内涵解读，离不开特定的产业形态范畴。当前，全球正在经历以大数据、人工智能、云计算、3D 打印、物联网等技术应用为标志的新一轮产业革命，各国相继提出产业创新的发展战略。信息网络技术等与相关产业领域的深度融合，将不断创造新需求、新业态、新产业、新模式，信息和知识成为最重要的生产力要素，智能化、网络化、绿色化、知识化、服务化成为现代产业体系新特征，相应的社会人才结构、工作形态、就业结构和就业环境也将产生深度改变。工业设计作为产业创新的驱动力量，在产业创新过程中扮演的角色、承担的使命以及其内涵和方法也随之而转变，设计的疆域范畴也应做出相应的调整。[①]

随着工业设计理念的不断拓展，越来越多的人意识到工业设计不是单独的，而是综合的、系统的，工业设计不仅是创新技术落地转化的桥梁，也是

---

① 徐聪、谢文婷：《中国工业设计文化发展回顾与趋势研判》，《重庆社会科学》2019 年第 8 期。

经济文化发展中协调产业创新关系的手段。工业设计应用全面、综合的系统观念研究和解决当下产业环境中创新相关元素之间的复杂关系，是创新设计和产业发展的显著趋势。工业设计不仅应当担负作为“产业链和创新链的关键一环”的使命，还应从关注“物的设计”转向思考更大范畴的“系统关系”，更应侧重于整体系统运行过程中的结构创新，梳理新一轮产业变革下的制造情况和受众需求以及社会各产业之间、产业内各行业之间、产业链上下游之间的关系，以生产关系的角色优化和重组产业创新系统中技术、市场、需求、人才、组织、机制等资源要素，实现工业设计对产业整体创新的“催化剂”效用，从而体现工业设计系统化认识和创造事物的要义。

（二）关注社会问题，倡导绿色设计

随着人们对社会、生态问题的日益关注，生态设计或绿色设计是工业设计发展的必然选择。自然是人类生存的依赖，环境是工业设计的基础。习近平总书记指出：“人与自然的关系是人类社会最基本的关系。”如果我们过分追求工业产值，会使不少设计给自然和环境造成某种程度的破坏与影响。在工业设计文化发展的许多领域，无论是生产流程设计还是销售服务流程设计，在材料的使用、环境的影响、自然的协调等方面，都造成了不少浪费自然资源、破坏发展环境、损害人们身心健康、影响后续发展的情况。在所有工业设计的过程中和所有设计产品的产生之际，我们都应始终树立起节约资源、爱护环境、保护自然、永续发展、有益人类的设计理念，始终坚持发展尊重自然、绿色生态、和谐有序、面向未来的工业设计。①

工业设计的发展需要积极面向市场并始终注重社会效益，各国在市场经济环境下发展工业设计文化都会受到经济的影响与制约，但越来越多的设计师开始节约资源、减少耗材、降低成本，追求设计过程的最优化与设计作品经济效益的最大化，通过设计去创造更高的经济效益与市场价值的同时致力于使工业设计发展体现出明显的社会效益。也就是要始终坚持工业设计为人

---

① 王敏：《人工智能对未来工业设计的影响》，《现代经济信息》2019 年第 9 期。

类社会的发展与进步服务、为建立人类命运共同体这一世界大环境而服务的发展方向。清华大学美术学院工业设计系主任石振宇先生就曾经明确地说过："设计是使这个世界更美好，设计是奉献！不是挣钱！"在开展工业设计各项活动的过程中，始终坚持促进经济发展与体现社会效益并重，创造经济价值与实现社会效益并行，坚持把社会效益放在首要的位置，不断地创造紧扣社会发展、体现社会公益、有利于社会成员获得应有的物质财富与社会权益的作品；创造体现社会现实价值与符合未来追求，同时又极具经济价值的作品。各国在发展自己的工业设计文化时需要认真地思考对于全球应该承担的社会责任与社会义务，需要更多地从社会效益的角度考虑问题。

（三）大数据与5G加速了设计的物联化和智能化

随着5G与大数据技术的越发成熟，物联网、工业互联网等概念也离我们越来越近。设计的互联互通概念蓬勃发展的时期，既是数字化技术驱动商业模式创新和产业生态重构的重要历史时期，也是要求工业设计成为驱动制造业转型升级和高质量发展的核心动力这一重要角色的新时期。疫情期间线上教学、线上购物等概念被越来越多的人接受，这些产品创新和模式创新让用户充分体验了大数据与设计的结合。在5G全面铺设的未来，工业设计的发展主要有以下三个特点。

首先是设计的物联化。伴随着5G时代的到来，物联网能够提高它在基础建设方面的速度，并且在不同的领域如车联网、工业互联网、医疗行业等发挥至关重要的作用，实现大容量、低延时、高可靠的万物互联的状态。物联网肩负着资料收集这一重要任务，这些资料信息来自信息传感设备，最终存储至资料库。但其也有与智能化交叉的领域，如智能家居领域。工业设计师也应有物联思维，智能台灯、家庭安防、智慧空调等都是物联化思维下的工业设计产物。超高可靠性、超低延迟性的5G技术在不远的将来，能够促进工业产品设计向自动驾驶领域和智慧医疗方向发展。[①] 自动驾驶领域立足

① 熊美玲、叶双贵：《5G技术对工业产品设计的影响》，《艺术与设计（理论）》2019年第2期。

于车联网先进技术，能够采集多种信息与数据，智能化算法可以用于监控车辆工况，并且可以根据这些数据来进行优化设计。物联网适用于医疗设备后，传统医疗也会有翻天覆地的变化，5G 技术将使智能医疗领域受益无穷，为患者提供更优质的服务。

其次是设计的智能化。本质上来讲，智能化其实是与物联化存在些许的区分的，但二者你中有我，我中有你。智能化对象呈现更加民用化的趋势，智能穿戴类型的工业产品如今已经遍布市场，智能家用机器人、智能停车等也在逐渐渗透我们的生活中。智能化在网络分析及优化、用户感知评估及优化、日常投诉快捷处理、网络价值挖掘等方面都有极大发展空间。

最后是设计的“云化”。云化以其成本低廉、安全稳定、管理能力强大等优势，在无形中使物联产业愈加强大，企业内部的联系更加深刻，生态产业的分工越来越清晰。“5G + 云 VR”已经成为虚拟现实（VR）产业的热门话题，以产业生态领域为落足点，架构云化将会挣脱瓶颈的束缚，使“5G + 云 VR”实现网络化、规模化、产业化、差异化等应用的推广。

参考文献

李毅中：《推动工业设计高质量发展》，《智慧中国》2020 年第 1 期。

B.13

美国工业设计发展现状与趋势（2021）

于炜　于钊　王小举*

摘　要：美国是世界现代设计产业规模和设计创新第一大国，其设计追求实用性质的商业主义，设计风格多元化。基于美国成熟的产学研体系，美国工业设计的发展一直以来都是国际工业设计的标杆，但2020年的这次新冠肺炎疫情暴露了美国在医疗器械产业、实体工业方面的不足。本文主要从美国工业设计政策支持力度、设计组织、工业设计教育等方面概述美国工业设计发展现状，就近年来美国工业设计的热点问题对未来趋势进行分析。总体上看，虽然在5G技术上略有落后，但美国在工业互联网、人工智能、智能制造、新材料、生态设计等领域都仍处于全球领先地位。从现在美国逆全球化的"再工业化"措施上看，未来美国必将在工业设计与互联网、人工智能相结合的新产业上加大投入，主要体现为逆全球化实体工业回归美国本土、后疫情时代加大对医疗器械设计的投入力度、以马斯克为代表的创新设计企业异军突起等。

* 于炜，博士，教授，华东理工大学艺术设计与传媒学院副院长、交互设计与服务创新研究所所长，上海交通大学城市科学研究院院长特别助理、特聘研究员，泰国宣素那他皇家大学（Suan Sunandha Rajabhat University，简称SSRU）设计学院特聘博士研究生导师，山西省森林生态绿色发展研究院执行院长，美国芝加哥设计学院（IIT Institute of Design，又名新包豪斯学院）客座研究员，全国文化智库联盟常务理事，核心期刊《包装工程》评审专家等，主要研究方向为工业设计原理与管理、交互创新与整合服务设计；于钊，上海交通大学博士研究生，佐治亚理工学院联合培养博士研究生，研究方向为工业设计、交互设计；王小举，华东理工大学硕士研究生，研究方向为工业设计。

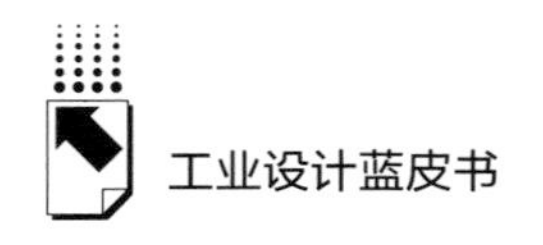

关键词： 工业设计 逆全球化 军工结合

一 美国工业设计发展现状

美国是一个工业化高度发达的国家，是世界工业设计强国。首先，长期以来，美国一直将工业设计提到国家战略层面，形成了完整的产学研体系。其拥有完善的专利保护制度，成立专门机构，培养设计人才；制定扶持政策，设立专门奖项，培植设计文化。虽然德国、英国很早就开始发展现代工业设计产业，但美国是把工业设计职业化的第一个国家。包豪斯学校在二战期间关闭后，沃尔特·格罗皮乌斯、米斯·凡·德罗等设计师移居美国，促进了美国设计产业的发展和成熟。20 世纪 60 年代，工业设计在美国已经成为企业运作不可分割的一部分，它被大企业视为市场规划中承上启下的重要因素，真正实现了职业化。另外，美国作为一个移民国家，文化的多样性促进了设计的多元化。美国工业设计产业是全球设计体系当中一个非常具有影响力同时又非常独特的组成。美国是一个由移民组成的新国家，没有悠久的发展历史，没有所谓单一的民族传统，但是在资本主义国家当中经济发展最快。美国是世界上首屈一指的经济强国，拥有巨大的国内市场，在国际市场同样占有很高的份额。美国本身的特殊性让设计发展变得特殊。

其次，美国工业设计的重要特征就是高度商业化。美国不像德国、英国经历过包豪斯发展阶段、工艺美术运动，让设计成为一项强调社会责任感和使命感的运动。美国的企业为了生存与竞争，强力刺激了工业设计的发展，因此美国工业设计产业一开始就沾满实用主义的商业气息。美国的工业设计师对设计的商业效果有非常明确的追求，对设计观念或者社会影响就比较冷漠，所以美国工业设计产业没有欧洲那么观念化、哲学化与理论化，而是非常实用主义。日本设计大师原研哉曾说过："美国设计是极端的实用主义。"我们也可以看到，欧洲的第一代设计师普遍都是建筑设计师，而美国则主要

是产品设计师；欧洲设计师大部分有坚实的高等专业教育为基础，同时有长期的建筑设计经验，而美国产品设计师则属于草根派，不少人是从广告、橱窗、插图甚至舞台设计转型过来的。但同时，美国设计师比欧洲设计师工作效率高，绘制设计效果图更漂亮，也讲究商业谈判的技术，这跟他们重视技法、重视项目验收有关。

最后，美国作为互联网的发源地，早在20世纪90年代就逐渐形成了独特的互联网生态。在第四次工业革命驱动科技创新与新兴产业发展的背景下，虽然美国在5G技术上略有落后，但其在工业互联网、人工智能、智能制造、新材料、生态设计等领域都仍处于全球领先地位。从现在美国逆全球化的“再工业化”措施上看，未来，美国必将在工业设计与互联网、人工智能相结合的新产业上加大投入。基于良好的产业基础和成熟的互联网生态，美国有能力将工业设计的延伸领域做到国际前列。

（一）美国工业设计的产学研创新体系

美国作为世界第一大经济体、设计创新强国，在工业设计的创新上一直走在世界前列，工业设计产学研的创新体系亦开始得很早。但相比欧洲、日本等地，美国的设计系统相对来说最为扁平化，几乎没有官方的设计推进组织，基于产业的设计师工会为行业的发展起到了最为重要的管理和促进作用（见图1）。

美国之所以在新经济的浪潮下能够将设计动力转化为经济效益离不开设计产业的发展，其中最重要的就是以硅谷为代表的产业集群的推动。工业设计的产学研模式成为世界上创意设计产业与高科技产业发展的代表。伴随后工业化社会的来临，美国设计产业渗透到社会生活当中的各个领域，以高新技术为基础的多元化产业发展道路让设计行业成为美国经济发展的其中一个支柱产业。美国不仅在老牌的工业设计、建筑设计、包装设计上依旧保持着领先的优势，而且其以设计为主的创意产业发展为第三产业，带动了国民经济的快速增长，同时较第二产业来说，有着耗能少、收益高、转化快的优势。

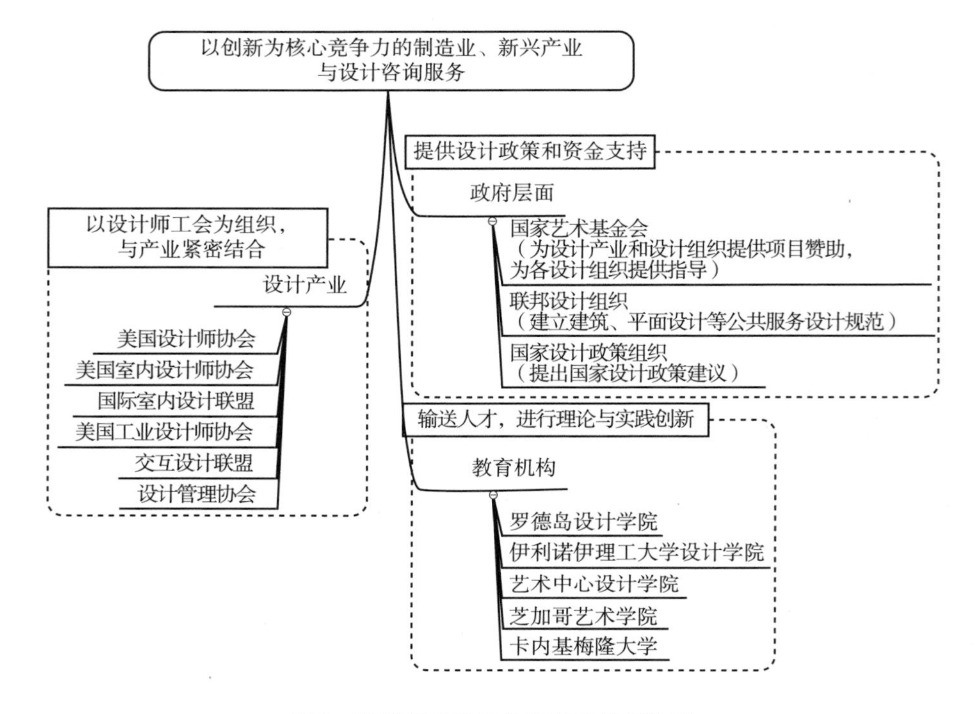

图1　美国工业设计的产学研创新体系

资料来源：World Intellectual Property Indicators 2020。

（二）产学研创新体系的组成

1. 美国工业设计政策支持力度

政府在美国的设计产业发展当中起到了资助和引导的作用，不仅给予学校财政方面的资助，而且还可以发挥引导作用。美国政府不参与具体的细节操作，但在政策、法规的建立上帮助产学研的运作。美国工业设计产业的壮大离不开政府的大量资金支持。尤其在冷战阶段，美国为了能够和苏联进行航空航天设计的比拼，在研发设计方面投入大量资金。另外，高新技术产品一向是美国平衡外贸的重要支柱，在美国产品的出口中，43%属高新技术产品。为了进一步加快产业化的脚步，美国政府将扶持的领域进一步扩大，并耗资近百亿美元培育“新产品”市场。这种隐形的保护无疑为企业的创新

和可持续发展提供了条件和依托。

针对设计政策及资金支持方面，美国政府设立了国家艺术基金会，为设计产业和设计组织提供项目赞助，并为各设计组织提供指导。同时，还设立了专门机构联邦设计组织，为设计行业建立建筑、平面设计等公共服务设计规范。另外，还有专业机构国家设计政策组织，专门提出国家设计的政策建议。

2. 美国设计组织和创新企业

20 世纪后期，美国设计产业在全球化的发展当中之所以能够处于领先行列，并且国际竞争力连续占据世界第一的位置，与其新经济背景下的工业设计组织及其下的各大企业密不可分。设计组织主要有美国设计师协会（ADC）、美国室内设计师协会（ASID）、国际室内设计联盟（IIDA）、室内设计师协会（CIDA）、美国工业设计师协会（IDSA）、交互设计联盟（IXDA）、设计管理协会（DMI）等，它们以设计师工会为组织，与产业紧密结合。

设计产业方面，以苹果公司、脸书、谷歌为代表的高新技术公司为主，它们纷纷坚持创新驱动、产业聚集、集群发展，以技术为依托，为美国设计行业的发展做出了突出贡献；IDEO 公司也作为最具国际影响力的设计公司在设计及创意产业方面影响着国际市场。基于强大的国家科研实力和企业创新能力，美国吸引了许多设计行业的顶尖人才，经过企业和民间组织的共同努力，促进了一些设计组织和学术俱乐部的成立。例如，当时一些经常参与“自制计算机俱乐部”活动的年轻人成立了现在的顶级创新型公司——苹果公司。在 20 世纪 90 年代，美国的高科技企业较 20 世纪 80 年代有了成倍的增长，从而形成高新技术产业群落。例如，硅谷集群内部的企业联合制便是集群化发展的有益成果，企业联合同盟实现整体的设计创新互动，并且为彼此提供技术和市场支持。作为高新设计产业的聚集地，硅谷拥有 20 余家世界排名前 100 的电子软件公司。产业聚集化发展可以使企业共享资源，降低生产和交易成本，从而加快产品的更新换代。

3. 美国工业设计教育

美国以创新和科技为依托的设计产业，离不开高校的科研支持和产学互动。如苹果公司、IDEO 公司、脸书等众多互联网巨头，它们的发展拥有大量顶尖高校的支持，其中包括斯坦福大学、加州大学伯克利分校、圣何塞州立大学、圣克拉拉大学等，还有以工业设计、创新为主的专门学校如罗德岛设计学院、艺术中心设计学院、芝加哥艺术学院、伊利诺伊理工大学设计学院等。这些高校与设计产业关系密切，推动了学生和企业的共同成长。美国高校的教育工作者不仅局限于学生的培养，而且还关注设计行业员工的职业培训，为一些工程师提供了研究生课程，通过项目合作的形式让学生和企业工程师进行课程讨论和实验，这样做既让学生了解到企业的具体实践流程，使其科研工作更有针对性，还可以使学生更加熟悉市场，并鼓励其毕业后创办创新企业，这些都体现了美国设计产业与高校教育的关联性。

目前，在美国工业设计师协会注册名单中有49 所高校（州立26 所，私立23 所）设立工业设计的本科及研究生课程，其中27 所高校设有研究生课程，可授予硕士学位。美国是全球高校中设立设计类专业最全的国家，像不常见的多媒体艺术设计、形象设计、工业造型设计、建筑设计、电脑美术设计、广告设计等专业也有开设，因此美国一直都是设计类学生出国留学的主要选择国家。此外，创意教育专业成为留学市场新的热门选择。美国的创意教育走商业路线，注重创造经济价值，专业领域非常广泛，涉及广告、动画、建筑等；创意教育在课程设置、授课方式、教学理念、学生创造性思维开拓等方面独具特色。

4. 美国工业设计创新体系的启示

优秀的产学研体系使美国的设计与创新在国际上一直名列前茅，为以创新为核心竞争力的制造业和新兴产业提供了支持，为其他创新行业提供了设计咨询服务。通过对美国产学研模式的设计产业化的研究，我们可以总结出以下三点值得借鉴的经验。

第一，合理规划产业集聚，完善产学研机制。目前，中国的设计产业在集聚区域布局上略显不足。例如，存在行政区域限制、基础设施投资薄弱、监管松散等问题。对此，我们可以借鉴美国工业设计的经验，根据设计产业的特点打破原有的行政分区界线，将多个区域的产业进行跨界整合，以更加

突出集群优势。根据设计产业的轻资本、重人才的特点，在集聚区域内加强基础设施建设，为集聚在园区的设计企业提供吸引人才的基本保障。此外，在合理规划产业集聚的基础上，还需进一步完善产学研机制。加速高校科研成果在企业层面的转化，加强校企之间的合作关系，促进人才的流动。最终，形成科技人才、设计师、管理者相互支持的关系，彻底改变目前企业与企业、企业与高校之间“隔缘”关系的局面。

第二，加大非政府来源的研发投入。设计学是科学与艺术的结合，设计产业中的科技创新与进步离不开研发活动。美国高新技术设计产业占世界市场的份额居全球首位，这需归功于政府和企业的研发投入。近年来，中国政府不断加大对科学研发的经费扶持力度，随之，在高新技术领域的喜人成果也证明了该项战略卓有成效。而相较于美国企业、高校和其他机构，中国非政府来源的研发投入比例较小，市场渠道不足使经费来源压力集中于政府。但是，政府的研发投入有自身的缺陷，如干预市场、投入偏重于公共类产品等。过度依赖政府投入会导致企业主体地位缺失，造成获利能力不足。因此，政府应当有效制定研发投入政策，鼓励企业自主研发，并引导市场加大非政府来源的研发投入。

第三，提高高校创新意识，加强科研成果转化。目前，美国、英国和德国等设计产业较为发达的国家都十分重视科研成果的转化。近年来，中国高校开始逐渐重视科研成果的转化，但是科研与实践长时间分离造成了科研成果转化速度慢、转化形式较为单一的问题。因此，高校不仅需要保持申请专利的转化路径，还需要运用企业园区的平台优势，通过园区所提供的实践平台来转化研究成果。同时，政府也需要建立完善的法制体系以保护创新科研成果，切实让相关法规为高校和企业的科研成果转化保驾护航。

二 美国工业设计发展趋势

随着 5G、互联网等新技术的成熟，设计的边界不断拓展，2020 年初新冠肺炎疫情的暴发给工业设计的发展带来了新的挑战。美国工业设计有着商业性突出、设计力量集中在企业和私立高校等特殊性，因此也带来了一些不同于其他国家的发展特点。在新冠肺炎疫情与经济下行的影响下，美国工业设计的发展趋势大致有以下几点。

（一）逆全球化实体工业回归美国本土

逆全球化是以英国前首相卡梅伦的一场政治赌博为起点、后由美国总统特朗普推动的偶然性事件，其根源却是来自全球化核心国家对经济全球化的战略性反思。实际上，逆全球化模式可以追溯到20世纪上半叶西方国家应对“经济大萧条”的政策风格。当时，经济危机爆发的第三年，英格兰银行终结英镑金本位制度并宣布英镑贬值，掀起全球范围的贸易战；之后，罗斯福以“美国复苏优先”为竞选纲领当选美国总统，单方面撕毁与英法两国的汇率协定，使美元贬值并提高进口关税，其做法一如以“美国优先”为竞选纲领的特朗普高举贸易保护主义的大旗。从历史经验可以发现，两次逆全球化都出现在全球性经济危机时期，且发起方都是当时构建与维护全球化秩序的主导国。

逆全球化措施中与工业设计行业关系比较大的就是美国对实体工业和制造业的回流。在中美贸易摩擦与新冠肺炎疫情的影响下，美国国内对实体工业回流的呼声越来越大。美国贸易代表罗伯特·莱特希泽在《纽约时报》发文指出：“美国企业将工作转移海外的时代已经结束了，席卷全球的新冠肺炎疫情正在加速让制造业回流美国。”美国企业离岸外包的时代可能真的已经结束，过去二三十年对效率的过分狂热，换来的是蓝领阶层失业的痛苦。特朗普的上台其实是美国底层对因全球化导致人们失业和贫困的强力反弹。而新冠肺炎疫情下，美国医疗和个人防护用品的紧缺，更加剧了普通民众的担忧。甚至连美国的企业家也开始接受这个观点：美国企业的确定性和繁荣之路与美国工人的命运捆绑在一起，应该将工作带回美国。疫情之后以美国为主的西方世界逆全球化主要有以下特征。

1. 美国“再工业化”或将加快本土化、数字化、多元化和智能化进程

新冠肺炎疫情发生后，劳动力和商品自由流动受到影响，供应链断裂风

险切实存在。各国相继出台不同程度的人员和商品限制措施，促使各国审视其供应链的脆弱性，在产业链的生产、库存、物流、员工安全、信息技术等环节都有多元化保障的现实需求。除启动与吸引必要的工业化项目以外，欧美国家可能会谋求在世界范围内供应链多元化，从而减少对单一国家的依赖。同时，制造业外流令欧美工厂已经处于满负荷运转状态，美国企业充分意识到医疗物资和防疫措施的重要性，未来将加快医疗等重要物资的本土化生产。

2. 美国将推进产业政策与经济发展紧密结合

目前，数字经济方兴未艾，蕴含广阔发展空间，在优化产业结构、促进动能转换、推动转型升级等方面前景可期。近年来，美国提出了“先进制造业美国领导力”战略，德国提出“工业 4.0”战略并发布“国家工业战略 2030”。未来，相关经济体或将进一步制定促进数字经济时代先进制造业发展的战略规划。疫情推动了全球产业链数字化、智能化升级，加速了全球经济向数字化过渡。数字经济改变的不仅仅是经济模式，也将会改变人的思维方式和行为习惯，智能制造和制造智能装备更离不开数字化技术的支撑。因此，数字经济将给制造业的转型升级带来革命性的动力。

3. 驱动传统产业向中高端攀升

当前，全球正迎来以大数据、云计算、人工智能、数字制造、机器人等为特征的新一轮科技革命和产业革命，未来，欧美各国产业结构转型升级将更多依靠技术创新来实现。欧美各国将推动实施国家大数据战略，加快完善数字基础设施建设，更好地服务经济发展；继续加大数字化基础设施的建设，升级互联网和移动通信带宽，发展数字经济、数字金融；促进数据资源整合，开发大数据分析价值，并重视数据安全防护工作；通过知识产权保护激发创新的活力，确保创新成果更快地推广和分享。

4. 重视颠覆性技术的创新和应用

一是重视国际标准的制定权和话语权。政府、高校、企业、社会组织等建立和加强信息互通机制，完善协同创新制度和机制，从而逐渐掌握颠覆性技术国际标准的制定权和话语权。二是投资创新基础要素。包括在基础研究方面进行世界领先的投资；推进高质量的科学、技术、工程、数学的教育；

开辟移民路径以帮助推动创新型经济；建设一流的21世纪基础设施；建设下一代数字基础设施。三是激发私营部门创新。加强研究与实验税收抵免；支持创新的企业家；确保适当的创新框架条件；将公开的政府数据授权于创新人员；从实验室到市场，资助研究商业化；支持区域性创新生态系统的发展；帮助创新的企业在国外竞争。四是加快创新人才培养。在全球一体化及构建创新型国家的大环境下，国际化创新人才培养已上升到国家教育战略高度。预计未来，美国企业将会出台系列人才培育计划，通过奖励激发民众的创造力，并依靠多种方式挖掘创新人才，造就新一代具有科学素养的国民。

美国逆全球化以“再工业化”为基础有序推进，但因疫情影响而进行产业链大规模回迁的可能性不大。对于发达国家的实体企业来说，综合成本与上下游产业链的配套条件是重要的考量因素。欧美成熟经济体消费通常表现出充足的价格弹性，当物价上涨后，私人消费会减少，从而影响增长。而能够把发达国家的通胀维持在低位的，往往是新兴经济体的产业链代工环节。因此，疫情对全球产业链不会构成剧烈影响，而是对目前模式进行一些微调。但逆全球化中美国谋求供应链多元化、本土化，减少对外依赖确实成为一种新的趋势。我们要对以美国为主的西方国家“再工业化”的措施进行分析，寻找经验教训，加快自己的科技创新步伐，抢占新一轮工业革命的战略制高点。

（二）后疫情时代加大对医疗器械设计的投入力度

在美国，市场规模最大的行业既不是军火行业，也不是科技行业，而是医疗器械行业。美国的全民医疗支出占GDP的比重约达18%，也就是一个国家一年的产出中有约1/5消耗在看病和购买医疗保险上。医疗器械行业作为市场规模最大的产业令美国人怨声载道，一场大病足以使一个美国中产阶级家庭陷入困境。虽然美国是世界上最大的医疗器械市场，也是最主要的原产地及最成熟的医疗器械风投市场，但是美国政府对医疗体系的管理疏忽却严重影响了美国医疗器械产业的发展，2020年的新冠肺炎疫情更是让我们看到美国医疗器械设计与制造的众多短板。

美国医疗器械市场占据全球41%的市场份额。美国本土主要有3个州以生产医疗器械著称，即加利福尼亚州、明尼苏达州和马萨诸塞州。其中，明尼苏达州的支柱产业就是医疗器械，其有数以千计的医疗器械企业。2012年底，美国医疗器械产业生产总额已达647亿美元，出口额已达132亿美元，利润为58亿美元，2007~2012年的年均增长率为12.8%。美国医疗器械市场中，医院占35%、分销商为26%、第三方健康服务机构为16%、专业医疗健康顾问及治疗机构占15%、其余为8%；主要产品包括心脏器械（18%）、神经器械（10%）、糖尿病器械（6%）、泌尿科器械（5%）、普通外科器械（4%）等。加上近些年美国制造业的回流并不顺利，商业气氛浓重的美国对医疗器械的设计与开发不重视，问题终于在2020年的新冠肺炎疫情中暴露。新冠肺炎疫情暴发后，除了医疗体系的整体调整，美国等西方国家一定会加大在医疗器械行业的投入。

对于中国来说，既要增强自信、不能盲目学习美国经验，又要看到自己的不足、吸取他国的教训，在医疗器械行业的发展上弥补差距。工业设计一直与医疗器械的设计开发有重要联系。首先，未来高端医疗器械的供应离不开工业设计的保证。其次，工业设计关系到医疗器械新产品的开发和新技术的应用。公共卫生应急物质的战略保障要与自主科技创新扶持相结合。最后，美国虽然在疫情暴发之初遭遇到了呼吸机不足的情况，但基于美国成熟的医疗器械技术，很快便通过中国等地区的代工补充了上来。而中国在疫情中所需要的一些重要诊断治疗设备，其核心产品和技术主要被国外公司所掌握，国内自主可控化程度低，核心技术和品牌产品储备不足。

（三）以马斯克为代表的创新设计企业异军突起

新冠肺炎疫情使各个行业都萎靡不振，但特斯拉却逆势上扬。2020年6月10日，特斯拉股价在收盘时达到1025美元/股，这使得特斯拉市值达到1901亿美元，超越丰田成为全球第一汽车企业。2020年8月17日，特斯拉股价上涨11%，创历史新高，推动该公司CEO马斯克的身价暴增78亿美元，达到848亿美元。近几年，特斯拉的市值就如坐火箭一般快速蹿升。2017年4月，特斯拉市值超越福特；2017年8月，特斯拉市值超过通用；2020年2月，特斯拉市值超过宝马与大众的总和。

一家从创办至今尚未实现年度赢利的企业，为什么在资本市场会受到如此追捧？特斯拉于2010年上市，其股价从15美元/股涨到1025美元/股。归根结底，这些都离不开马斯克对创新设计的重视，他所创立的特斯拉公司、太空探索技术公司，都对创新有着执着的追求，最终在实现技术突破、造福社会的同时，取得了商业上的成功。

1. 崇尚科技，投入创新

“我不知道什么是放弃，除非我被困住或者死去”——马斯克。对梦想的全力热爱，对科技的狂热追求，全身心投入创新。就是这份热爱，让马斯克在科技创新这条路上不断前行，实现了一个又一个突破。

对于未来的不确定性让马斯克建立了太空探索技术公司（Space X）。马斯克认为，未来的人们一定居住在外太空。在别人看来是异想天开的事，但马斯克却当成一项事业坚持了下来。2020年5月的最后一天，在“猎鹰9号”火箭的助推下，Space X载人龙飞船升空，并在第二日将两名宇航员送达国际空间站，成功完成了全球私营航天公司首次载人发射任务。值得一提的是，马斯克的另一个星链计划正加速推进，当前已开放星链服务。这意味着“卫星宽带服务”离每个人越来越近。

2. 融入互联网思维的特斯拉

特斯拉既是互联网企业又是高科技公司，新能源本身就是其未来科技的发展方向。特斯拉是一个以互联网为载体的高科技产品，具有人工智能、大数据、云计算和无人驾驶等技术。特斯拉最注重的是用户体验，其最初的定位就是舒适自然。特斯拉不计成本，追求最好的性能、更漂亮的外观、更舒适的体验。设计师以逆向思维、制造好车的思维将电动车创造出让人心动的感觉，这是特斯拉的高明之处。

3. 新能源新技术是未来的主流

与特斯拉崛起相对应的，是美国传统汽车巨头的没落。在崇尚科技和创

新的今天，传统汽车制造商对于创新和新科技的投入，明显落在了后面，因此被超越也是迟早的事情。马斯克在大学时期曾写过一篇名为“能源站的未来”的论文。论文中这样描述：“一块巨大的太阳能电池板漂浮在太空——长达4000米，通过微波向地球发射能量，而用来接收能量的天线长达7000米。”马斯克认定太阳能在未来的应用必定大行其道，而太阳能屋顶是马斯克实现目标的重要一步。2019年10月，特斯拉推出了第三代太阳能屋顶。第三代太阳能屋顶实现了开创性的光伏建筑一体化，让太阳能组件直接成为真正屋顶，还专门设计了定制配件、通风口和天窗，带来更富科技感的视觉体验。不仅满足家庭日常用电，还可将富余电量出售。

在战略上马斯克早期有三个重要的布局，现在已经构成了目前马斯克商业帝国的三大支柱产业，分别是太空探索技术公司（Space X）、特斯拉公司（Tesla）、太阳能公司（SolarCity），这三大支柱产业并不是独立存在的，而是相互支持合作的。太空探索技术公司的星链计划是特斯拉公司无人驾驶技术的基础，太阳能公司是特斯拉公司的能源提供方，同时也是太空探索技术公司未来建立火星基地的能源基础；而特斯拉公司是太空探索技术公司卫星技术及太阳能公司新能源技术的输出终端，也是现阶段重要的技术变现渠道。三个支柱产业的紧密交织构成了坚不可摧的防御网，这也是特斯拉市值突破1000亿美元的重要原因。

从马斯克对技术的各项突破我们可以看到，只有对创新设计和高科技不断追求，不断提升自我创新能力，才能真正走出创新之路，实现技术突破。

（四）军工领域设计新成果

一直以来，美国在军工领域的创新都位于国际前列，这得益于美国各军种和机构广泛调动各类资源，促进国防创新协作，吸引学术界、商业界、国防领域的公众和组织参与国防科技创新。

1. 调动大学力量参与国防科研

美国国防部通过各类计划资助大学研究人员开展基础性、前瞻性研究。每年美国国防部都会选取若干名卓越的科学家和工程师入选当年的万尼瓦尔·布什学术伙伴（VBFF）计划，他们可能来自哈佛大学、芝加哥大学、斯坦福大学、宾夕法尼亚大学、麻省理工学院和佐治亚理工学院等高校，该计划由美国国防部研究与工程部副部长设立的基础研究办公室资助，美国海军研究署负责管理。同时，美国国防部还会宣布当年度“跨学科大学研究计划”（MURI）项目列表，其中包含量子科学和材料科学领域的项目，该项目由美国与英国、加拿大等高校联合完成，将推动美国的国际科学合作。除此以外，美国海军研究署、海军研究实验室也会同高校签署一些教育合作协议（EPA），协议期是五年，高校的学生和教师能使用海军研究实验室最先进的设施和设备，以及新的创新和技术方法，而美国海军研究署、海军研究实验室可以通过接触学术界的观点来强化思想，同时培养未来的科学家和工程师。

2. 通过计划项目促进产学研合作

2018 年，美国国防部研究与工程部基础研究办公室宣布五个产学团队入选“产学科学计划”（DESI），分别支持高校和企业间研究合作，开展高机动无人飞行器、软活性复合材料、超材料天线的研究。而美国国防部研究与工程部基础研究办公室宣布了 2018 年“实验室大学协作计划”（LUCI）资助名单，来自美国三军研究实验室和陆军工程研发中心的 10 名科学家通过了评选。每名科学家将在未来三年获得 60 万美元资助，以联合高校的研究人员开展认知神经科学、海洋遥感、增材制造和自装配、纳米光子二维材料、量子传感、合成生物学、纳米表面等离子体、拓扑材料、高温结构材料、人机交互等领域的研究。此外，美国陆军研究实验室发起的“开放园区”计划也得到推进，其依托麻省理工学院、耶鲁大学等高校在波士顿建立东北部园区，汇聚国防实验室、学术界和工业界的科研人员，聚焦材料与制造科学、人工智能与智能系统、网络与安全通信等领域。

3. 以挑战赛等形式吸引大众参与

美国国防部创新机构与国家地理空间情报局合作举办的“XView 探测挑战赛”，旨在开发出能够解译高分辨率卫星图像的算法，用于灾害情况分析；每年 4 月，美国陆军快速能力办公室启动信号分类挑战赛，150 多个团队用 90 天时间开发模型，对所提供的卫星、雷达、电话等电磁频谱传输设备进行训练；每年 10 月，美国空军和莱特兄弟研究所共同启动 VQ-Prize 竞赛，制造太空态势感知可视化工具（包括提供增强现实和虚拟现实解决方案）；每年 12 月，美国国防部高级研究计划局（DARPA）组织频谱协作挑战赛，15 支队伍举行面对面的比赛，进行智能无线电设计。此外，美国国防部继续积极参与“科学与工程节”等美国的科学节，带来演示项目，向公众宣传国防知识。

通过这一系列的产学研合作，美国的军工业快速实现了技术的研发和创新。同时，美国国防部也很重视提升技术成果转化的速度和效率，为推动技术成果有效得到转化，美国国防部会以速度和效率为目标，大力推动实验室技术的成果向军队和商业市场转化。表现在以下四个方面。

第一，增加对技术成果转化的资金支持。《2018 财年国防授权法案》公布的武器装备研发预算中，先期部件开发和样机、系统开发和验证、现有系统改进的预算分别是 211.81 亿美元、155.77 亿美元、353.86 亿美元。其中，旨在将先进技术转化应用于武器装备的先期部件开发和样机预算同比增加 21%，技术转化项目为进行实际的部件和平台试验提供投资，以促进设计的成熟，越过科技与工程之间的“死亡谷”。美国国防部研究与工程部副部长表示，最终获胜的是最快应用先进技术的国家而不是研发出最先进技术的国家，这不仅涉及技术层面，还涉及创新和应用技术的速度。负责研发与采办的部长曾发布一份名为“海军敏捷倡议”的备忘录，宣布成立敏捷任务小组，通过加强培训、加快技术发展、改革创新领导文化等方式，帮助海军加快新兴技术的创新和利用。

第二，通过成立创新中心推动商业技术向国防领域转化。美国空军在亚拉巴马州蒙哥马利市设立了 MGMWERX 创新中心，靠近空军大学，作为美国空军在建创新网络的组成部分，旨在吸收和利用空军大学的创新理念和成果，解决空军面临的技术或效率难题。创新中心由美国国防部出资，效仿特种作战司令部的 SOFWERX 创新中心，作为空军与商业企业的交流平台，将帮助有想法的机构仅用 1 页纸或 90 秒视频就把创意呈现出来，从而接受快速评价和决议。

第三，专门助力科学家实现创业梦想。“加速之路”是由美国能源部伯克利实验室于 2014 年 5 月建立的非营利性机构，旨在帮助具有企业家理想和技术转化思路的科学家将想法变为现实。2018 年 DARPA 也参与进来，借助该机构寻求创新。“加速之路”机构为科学家提供的支持包括生活津贴和健康保险，实验室的设备、设施和专业知识，高强度的课程训练和指导，该机构由学术界、工业界和政府的领军者担任顾问或合作伙伴。

第四，推动军事技术向商业领域转化。美国空军研究实验室成立“专项技术许可计划”，以将实验室的成熟技术推向商业领域。创新者和企业家可以通过网站了解可供许可开发的技术、每项技术的协议条款和许可价格。感兴趣的企业可填写简单的申请，申请经审查获得批准后，就可以快速拿到协议，从而获得对技术的非排他性、部分排他性或排他性权利。该计划不为赢利，且申请门槛低，目标对象是财力不雄厚的小企业或初创企业。那些尚未得到充分开发的不成熟技术，将作为潜在候选技术。

从资料来看，未来美国会加强在军工领域的创新，重新强调五角大楼采办改革，并继续关注新科技的发展。美国军工企业将更多地聚焦人工智能、小型网络技术、反无人机技术等新领域的发展，加强统筹谋略和管理，推动新技术的研发和军事应用。体现在以下五个方面。

第一，新领域中改变开发武器装备的方式。在开始应对诸如人工智能等重大技术之前，美国必须改变开发武器装备的方式。2019 年，美国国防部将真正开始从采购专有的、烟囱式的、封闭的硬件系统转向在商业软件领域采购，以此作为开发和集成武器系统的模式。专注于商业软件研发能够真正实现快速开发具有网络弹性的系统。当前，科技发展的速度比以往任何时候都快，特别是在软件领域，新系统的周期常常以周或月为单位。如果想保持领先，就必须认清现实并快速采取行动。

第二，加强人工智能等新领域的项目统筹和资源协调。美国国防部成立了联合人工智能中心，旨在与各军种共同完成单个预算超过 1500 万美元的项目，建立国防部通用的人工智能标准、工具、共享数据、可重用技术、专

业知识，并且国防部还计划成立人工智能和学习政策监督委员会，由美国国防部研究与工程部副部长直接领导，成员包括各军种领导和其他部门高级官员。2018年，美国在加速人工智能技术发展和实战应用方面取得了新进展。同时，美国也在积极推进高超声速顶层规划。一方面，美国在国防部层面谋划推动了“国家高超声速倡议”（NHI），同时还在谋划成立一个实体性质的、针对高超声速导弹研发的联合项目办公室，打破当前多机构各自牵头、分散实施的局面，加强技术项目之间的合作和整合。另一方面，美国将启动多个高超声速导弹研发项目，如美国空军“空射快速响应武器”项目以及DARPA的“作战火力”项目等，争取形成高超声速导弹研发项目在空军、海军、陆军全面发展的态势。

第三，对小型网络技术的研究。美国国防部预计将大幅增加对小型网络、安全无线和虚拟计算的投资，以提高作战人员的机动性和在战术远征计划中的态势感知能力。战术远征计划已经证明了其通过减小尺寸、减轻重量和降低功率转变到小型设备的有效性。特别是使用商业技术、数据中心服务和存储以及防御性网络安全方案的机密无线战术部署负责人将会增加使用频率。

第四，对云攻击的研究。未来，针对云端数据的攻击将显著增加，尤其是试图攻击电子邮件的行为。其中一个威胁是新型僵尸网络KnockKnock，其通常针对的是没有多重身份验证的系统账户。过去几年，美国发生多起数据泄露事件，都是因Amazon S3存储桶配置不当造成的。在共享责任模型的基础上，客户需要正确配置IaaS/PaaS基础架构，并适当保护数据和用户权限。更复杂的是，许多配置错误的数据存储桶由供应商持有，而不是由目标企业持有。数千个公开的存储桶和凭证的使用令不法分子有了可乘之机。

第五，对反无人机技术的研究。小型无人机（SUAS）不断扩散，导致无人机事件迅速增多，使得安全负责人员迫切需要对这一新的、不断演变的威胁采取全面的解决方案。反无人机技术是评估空域活动、了解无人机入侵的严重性和制定新协议以减轻潜在威胁的重要技术。使用反无人机技术，安全负责人员可以观察无人机的行为并部署适当的进攻性或防御性对策，其中可能包括和飞行员的直接接触或与当地执法部门进行协调。在任何情况下，侦察小型无人机活动是最关键的。此外，反无人机技术必须具有灵活性，以满足特定环境的需要。

三　结语

从以上关于美国政府、设计组织、高校、企业等方面的介绍，我们可以看到美国设计产业的国际竞争力保持世界领先位置，这与美国对于创新和工业设计的重视密不可分。在政府与企业对创新体系的大力支持下，美国工业设计的产学研互动体系十分完善，能够有效地将设计成果转化为经济效益。中国的工业设计教育和实践都应该学习美国的体系。同时，全球工业设计产业面对的问题不断变化。5G、人工智能等新技术的不断成熟，新冠肺炎疫情、生态环境恶化等社会问题的突出，为各国的工业设计师提出了新的挑战。因此，我们要总结经验，加速中国的工业设计进程，抢占新一轮工业革命的战略制高点。

参考文献

陈庭翰、王浩：《美国“逆全球化战略”的缘起与中国“一带一路”的应对》，《新疆社会科学》2019 年第 6 期。

裴文杰：《美国应用型大学产学研合作人才培养主体体系分析》，《经营与管理》2019 年第 10 期。

孙聪：《以硅谷为例谈美国创新体系对设计产业的推动作用》，《设计》2018 年第 19 期。

魏振华：《浅谈“硅谷钢铁侠”埃隆马斯克的战略蓝图》，《西部皮革》2020 年第 14 期。

徐宏潇、赵硕刚：《特朗普政府“逆全球化”：动向、根源、前景及应对》，《经济问题》2019 年第 2 期。

臧雪静、徐卫卫、王庆国：《世界一流军工企业近年的发展》，《国防科技工业》2020 年第 4 期。

邹其昌、孙聪：《美国设计理论体系发展研究——中国当代设计理论构建的美国经验》，《阅江学刊》2019 年第 6 期。

B.14
韩国工业设计发展现状与趋势（2021）

姜鑫玉　周　丰　刘鹏宇　王　涛*

摘　要： 韩国的设计行业在近二十年内快速发展，一跃成为国际瞩目的设计强国，其独特的设计文化既有东方的神秘色彩，也融合了西方工业文明。韩国设计产业凭借政府的积极主导，以设计推动国家产业发展，为众多行业提供全新的优化思路和发展策略。韩国设计产业在提升民众生活品质的同时，积极加入城市服务行业，为社会发展提供创新动力。总体来说，韩国工业设计正在迈入成熟阶段，行业综合实力、创新人才培养体系、政策扶持计划以及产业管理结构等方面都受到社会的高度关注。未来，韩国工业设计的趋势将体现为潮流文化与创新设计融合、地域文化成就城市品牌、服务设计优化产业结构等特征。

关键词： 工业设计　设计产业　创新设计

一　韩国设计行业概况

韩国的设计行业在过去二十年飞速发展，这得益于韩国“设计兴国”

* 姜鑫玉，博士，东华大学机械工程学院讲师，研究方向为工业设计、产品与信息服务设计、设计认知与色彩心理学；周丰，博士，东华大学机械工程学院副教授，研究方向为设计学；刘鹏宇，博士，黑龙江大学副教授，硕士研究生导师，国际商业美术设计师，研究方向为艺术设计；王涛，东华大学机械工程学院硕士研究生，研究方向为工业设计、服务设计、影视IP衍生品设计。

的国家战略，韩国较早地意识到设计对于推动国家产业发展的重要作用。因此，“设计振兴”政策推动了韩国设计行业从设计方法论、设计对象到设计的内涵都发生了脱胎换骨式的变化。在韩国政策的指导下，政府成立了韩国设计振兴院，目的是服务于企业的设计优化、行业创新人才培养以及行业发展体系构建等方面，推动了韩国设计产业的设计培训、设计战略、设计政策、设计推广等多项工作的开展①，为韩国设计的行业实践、企业创新以及产业发展做出了巨大的贡献。

韩国设计界凭借这一股东风，企业的设计部门在公司的地位得以提升，龙头企业开展相关设计活动助力设计创新，也向社会和高校发出“设计振兴”的信号，推动设计行业的快速发展和创新人才的培养。韩国的代表性企业三星集团与 LG 电子，逐年增加其在设计部门的投资，如数字化设备建设、新型设计人才培养以及跨行业、跨地域的交叉合作等，单以 LG 电子的设计部门来看，其拥有超过 200 名的设计师，并在全球设立了 6 个海外据点，以提高 LG 电子与全球设计从业者的交流与合作。

为了促进业界交流，加强设计人才与业界的合作，鼓励创新，韩国设计界面向产业设计师、高校设计专业学生、企业设计部门等，设立了具备不同侧重点的设计大奖。韩国于 1985 年成立了好设计奖，致力于推出具有国际影响力、拥有杰出设计品质并能够获得较高市场竞争力的设计成果，通过优秀的产品设计改善国民生活品质和观念，提升国民审美意识，并促进国内经济发展，打开国际市场。为了提高设计师的市场竞争力，韩国打造的 K - DESIGN设计奖重点关注设计的实际市场价值，提高设计师的市场价值意识，加强个人竞争力的培养，并引入行业内活跃的设计专家进行评审，此奖项受到了国际设计界的关注，被视为“亚洲三大设计奖”之一。另外，由韩国设计之声主办并主管的“亚洲设计奖”致力于发掘可以引领未来的新颖设计理念，并在全球推广；同时尤其重视能够解决本区域社会问题

① 漆炫烨、戴纯：《浅析韩国设计崛起带给中国设计发展的启示——以现代汽车为例》，《大众文艺》2015 年第 12 期。

（气候异常、种族歧视、粮食短缺等）的设计，用设计打造更美好的世界。

基于国家战略指导，各企业设计部门行业地位和社会责任得到提升，韩国各产业对设计的重视程度加强，推动了本国设计行业的蓬勃发展。韩国设计界对各类设计奖项的扶持，既完善了行业创新人才培养体系，也为韩国设计行业注入源源不断的创造力和生命力。

二　韩国工业设计产业发展现状

韩国工业设计产业发展可以划分为实验设计阶段、酝酿阶段、初始阶段、扩张阶段、发展阶段、自主阶段、成熟阶段七个阶段，其中近现代设计产业出现在初始阶段，即20世纪60年代初，工业设计产业依赖于韩国出口导向政策逐渐活跃，但在这一阶段工业设计活动多是由政府执行的发展战略。20世纪70年代末，韩国高度出口的电子产业和塑料产业大规模借用工业设计方法论，在这样的社会发展体系下，工业设计更多被韩国社会理解为一种销售产品的商业活动，而非推动社会创新的原动力。20世纪80年代，工业设计逐渐体系化，一些独立设计师走进公众的视野，成为产业发展的推动力。一些变化较快的企业将工业设计当作产品差异化竞争和市场运营的工具，逐渐优化企业部门结构，提升企业的竞争力。在这期间，韩国的工业设计教育实践渐渐深入，教育水平和师资力量得到提升。

在发展阶段，受到国际经济波动的影响，韩国出口产业的经济实力逐年下降，但此时工业设计已被政府全面认可，并得到政策支持。传统企业转型迫在眉睫，设计作为企业提升市场竞争力的手段受到关注。韩国走进全球化视野中，设计可以作为韩国与国际市场交流的纽带，一些专业化程度较高的企业走向自主品牌战略，凭借设计手段形成独特的价值体系和行业竞争力。随着商品经济的快速发展，20世纪80年代初期，韩国部分高校开设设计相关专业，用来培养设计人才，以补充设计产业的人才缺口，并为韩国设计发展储备人才资源。20世纪80年代末期，韩国超过30所综合性大学开设设计类专业，就读人数超5000人，可见政府对设计产业的政策扶持力度以及

市场对设计人才的需求，设计产业的发展空间具有无限的潜力。

在自主阶段，工业设计已经成为企业发展战略的重要组成部分，越来越多的企业选择在海外设立设计据点，实现国际设计方法对内输入、韩国设计理念向外输出的双向发展。也是在这个阶段，工业设计的蓬勃发展让韩国步入设计强国的行列。数字化时代，韩国工业设计迈入成熟阶段，行业综合实力、创新人才培养体系、政策扶持计划以及产业管理结构等方面都受到社会的高度关注。

三　韩国工业设计趋势分析

（一）潮流文化与创新设计融合

韩国的潮流文化围绕韩剧展开。随着韩剧的成熟，韩流文化开始席卷亚洲，近年来韩国娱乐产业快速发展，偶像文化逐渐兴旺。时代的更迭令设计的受众更新换代，年轻群体逐渐成为韩国社会的支柱，围绕年轻人的生活理念，业界展开各项设计活动。近几年，生活用品、化妆品、服装、饮食等在韩国盛行，其设计更趋向年轻活力。年轻活力的设计不仅在受众较广的新兴产业中盛行，韩国政府部门也采用此类设计风格来提升亲民性。走访首尔，会发现市政府设有吉祥物，警察局也有卡通形象。①

从设计的角度看，韩国的潮流文化给传统文化造成了冲击，设计能否正确引导产业文化、传递社会价值、发挥其应有的作用，显得十分重要。设计师和相关从业者对于产业和文化理念的深刻理解，以及从内部结构把握到外部修饰建设等都对个人能力和观念有较高的要求。在新兴文化冲击和传统文化延续的交融中，进行创新设计是韩国设计产业、设计人员所要重视的方向。在潮流文化的影响下，韩国民众的口味也呈现多样化趋势。突出个性、散发年轻的气息是年轻群体的主要喜好，相关产业结合市场发展趋势，针对

---

① 胡旭：《浅析韩国潮流文化中的艺术设计》，《艺术科技》2015 年第 9 期。

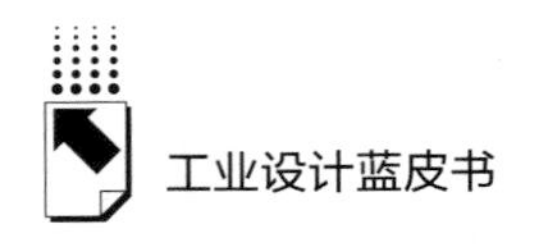

目标人群打造自己的文化品牌成为一种社会趋势。在潮流文化中，可以窥见商业和设计得到了很好的融合，设计也逐渐转向可爱、活泼的风格。在商业化的同时，设计界也关注人文气息是当下韩国工业设计的趋势之一。

在年轻人的心中“韩流”虽然是时尚潮流的代名词，但并不意味着对传统元素的摒弃，相反传统元素的再设计广受欢迎。韩国护肤品“Whoo”的系列包装就很好地诠释了传统与时尚的融合之美，运用单字表现简约之美，再结合太极意象元素，瓶身设计采用东方宫廷陶瓷的外形以展现其东方文化之美。① 韩国设计界人士在韩流文化的影响下，巧用设计方法论，完美结合潮流元素和传统元素，打造出一系列亲民的品牌企业，塑造了具有韩国特色的设计文化。

（二）地域文化成就城市品牌

一方水土养育一方人。不同的自然环境创造不同的文化背景，不同文化背景下成长起来的人也将被塑造出不同的性格。在科技、经济、社会、生活等层面，韩国不同的地域文化背景对设计理念的影响是显而易见的，光州广域市是一座文化艺术都市，也是板索里（一种传统清唱音乐形式）的故乡，历来被称为“文化和艺术之乡”，学德兼备的文人雅士层出不穷。与其他地域相比，光州当地居民深深喜爱文化艺术，文化水平较高，重视艺术领域。同时，光州也以民风淳朴、不贪名利而闻名。1995 年开始，每两年举办一次的世界级美术节——韩国光州双年展，使得光州跻身于名副其实的世界艺术城市之列。在 15000 年前的旧石器时代，釜山就出现人类活动，新石器时代之后，釜山人正式在这里生活；1876 年开放国际港口后，釜山取得飞跃式发展，逐渐形成都市面貌，并升格为直辖市；至 20 世纪 70 年代，釜山一直起着韩国经济发展的先导作用，1995 年扩大城市范围时，其被升格为釜山广域市。釜山既是韩国的第一港口城市也是国际性的文化观光城市，承接举办了如釜山国际电影节、釜山美术双年展、釜山烟花节等各种活动和庆典。

---

① 寇大巍：《韩国品牌设计的表现特征研究》，《工业设计》2016 年第 11 期。

特定的地域在社会发展过程中逐渐累积形成了独特的文化传统，设计师成长于这一方水土之上，民俗文化影响着设计师看待城市的角度，其对于设计与经济、文化、民俗和生活等融合的思考总是带着别样的眼光。设计师从地域文化的概念出发，在时间性、历史性、现实性、日常性、可靠性、生产率、公共性等方面都有自己的思考，在设计活动中掺杂文化内涵的传播。

设计师通过设计成果相互交流，拥有不同地域背景、文化背景的设计师对设计的看法和理念存在差异，文化的碰撞与交融给设计师带来了源源不断的创作灵感，为设计师打造多元化设计能力模型提供了原动力。设计师关注生活、关注环境、关注城市发展，不论是在产品造型设计方面，还是在城市环境设计、品牌设计、公共服务设计方面，都体现了设计师独特的思考方式和使用设计手段服务社会的目的。韩国首尔能够以多样化创意产业跻身世界“设计之都”行列，与纽约、柏林并列称为设计名城，并不是一味地盲目追求。设计师生活在城市之中，对城市的理解和热爱给予了他们巨大的创作空间，凭借对生活品质的追求和打造美好城市的愿景，“为大众设计”和“打造城市品牌”的设计理念与地域文化紧密结合成就了城市形象。

（三）服务设计优化产业结构

现代意义上的服务设计，强调的是为了能让用户得到多样的体验，服务设计师是为了提供更有益、更有效率、更有效果、更具魅力的服务而存在的。[①] 设计服务于生活，服务的主体是消费者，韩国设计界一贯走亲民路线，“以人为本”的设计理念不仅贯穿了设计行业，更是韩国民众日常生活的主体。在体验经济时代，消费者除了对产品品质、外观有更高的需求之外，更加重视企业能够为消费者带来的附加价值。如韩国 JEJU 酒店的入住办理过程，从进门的贵宾式引导、休闲体验到表单填写，整个过程通过咖啡、表单、签字笔、钢琴等元素的串联，让顾客从入住起点就享受酒店的人性化服务，

① 茶山：《关于服务设计接触点的研究——以韩国公共服务设计中接触点的应用为中心》，《工业设计研究》2015 年第 1 期。

服务设计将酒店的核心价值观扩展到顾客进入酒店这一环节，并非仅停留在入住环节。在韩国，服务设计很大程度上将人性化服务做了扩大处理，让用户能够更加明确地接收到企业输出的价值观，获得超预期的体验。

数字时代，服务设计是设计师的主要工作，移动应用的交互方式、信息展示、用户时间成本等都影响着整个环节的服务体验，服务设计是否与环境充分融合，从而恰到好处地解决用户的问题，是设计师重点关注的问题。韩国最大的社交平台 KaKao Talk 的角色表情设计发挥韩文的符号特征，运用文字符号形象化地表达用户的情绪，不断深化数字表情的应用场景。传统产业在数字经济的冲击下，不断寻求突破，服务设计为韩国产业转型和结构优化提供了一种思路，一定程度上奠定了设计在优化企业结构上的重要地位。

韩国是一个高度老龄化的亚洲国家，针对老年群体的公共服务体系建设是打造城市品牌的关键元素，独居老人在人际关系维系、社会参与感、娱乐生活、医疗保障、社会福祉等层面都有着不同的需求，城市公共服务的任务在于高度整合各方资源，在服务政策的引导和政府规划下，各产业交叉合作达到优化养老服务的目的。围绕老龄化社会公共服务，秉承着亲民路线，韩国服务设计以用户需求为导向，赋能产业转型，提高城市老龄服务能力。在服务过程中，通过利益关系者的参与和合作，可以使服务内容更具体化，并创造出更具有魅力的用户体验。①

参考文献

张毅、牛冲槐、冀巨海：《韩国工业设计产业发展阶段研究及其政策启示》，《生态经济》2014 年第 5 期。

王绍强：《漫步韩国设计：活力十足的设计之都》，电子工业出版社，2011。

① 朱秋洁、黄一帆：《韩国背景下的独居老人日常生活服务设计研究》，《工业设计研究》2016 年第 1 期。

案例篇

Case Studies

B.15 中国工业设计（上海）研究院股份有限公司案例研究

李云虎*

摘　要：中国工业设计（上海）研究院股份有限公司（简称CIDI）是工业和信息化部与上海市人民政府共建的中国工业设计创新服务平台，是工业和信息化部首批国家工业设计研究院培育对象。2019年5月，CIDI发布了“CIDI+”战略，即集聚创新要素，形成集群创新合力，围绕产业链和设计创新链，实现建链、延链、补链、强链的目标，引领和驱动产业创新发展。目前，CIDI立足上海，以长三角为核心服务全国，在“上海设计100+”、上海市工业设计中心体系建设、新兴产业研究院建设、服务平台建设等方面已经取得初步成果。未

* 李云虎，曾担任上海市经济和信息化委员会外经处副处长、上海光通信有限公司副总经理、上海工业投资集团有限公司投资二部负责人，现担任中国工业设计（上海）研究院股份有限公司董事长。

来，CIDI 将以服务设计创新及产业创新为根本，有序推进中国工业设计创新服务平台的建设，与合作伙伴一起共建、共生、共享，为中国的经济发展做出贡献。

关键词：“CIDI +”战略　设计产业　工业设计

一　CIDI 基本情况

中国工业设计（上海）研究院股份有限公司（简称 CIDI）是工业和信息化部与上海市人民政府共建的中国工业设计创新服务平台，是工业和信息化部首批国家工业设计研究院（数字设计领域）培育对象。CIDI 以“共建、共生、共享”的理念，在建设工业设计创新服务平台、服务政府和企业、发挥设计创新的赋能和引领作用上进行了深入探索，在承担政府服务工作、产业创新工作、区域经济创新发展服务工作、国际交流及合作等方面积累了宝贵的经验。

自 2014 年成立以来，CIDI 按照“平台 + 公司”的架构，以中国工业设计在线服务平台、新兴产业设计创新研究院、CIDI 创意设计研究院、CIDI 全国服务网络、创新设计服务中心、工业设计知识产权服务链、工业设计创新投资基金、工业设计主题活动、CIDI 优创学院、CIDI 智库以及国际工业设计交互平台等 11 个专业化创新服务平台的功能框架着力打造中国工业设计创新服务平台，激发设计创新活力，促进设计成果的产业转化，从而服务国家战略性新兴产业发展，引领产业创新体系建设和产业高质量创新。CIDI 一直致力于服务设计创新和产业创新，集聚国际国内创新资源，形成以 CIDI 为核心的设计创新生态。

二　“CIDI +”战略的定位、目标和主要功能

（一）“CIDI +”战略的定位

2019 年，CIDI 就建设工业设计创新服务平台战略进行了再思考、再谋

划、再提升，按照“两面”（面向世界、面向未来）、“两最”（最高标准、最高水平）、“两高”（高质量发展、高品质生活）、“两提”（提升能级、提高核心竞争力）要求，聚焦设计创新和产业创新，活用市场拉动、科技推动、设计驱动三个创新模式，集聚国际国内创新资源，构建一个“共建、共生、共享”的创新生态，实现推动产业高质量发展的引领和驱动作用，确定了新的“CIDI +”战略。

2019 年 5 月 22 日，CIDI 隆重发布“CIDI +”战略，即集聚创新要素，形成集群创新合力，围绕产业链和设计创新链，实现建链、延链、补链、强链的目标，引领和驱动产业创新发展。

（二）“CIDI +”战略的三大目标和使命

1. 以激发“创新内生”为动力，构建设计创新生态体系

积极推动各类服务平台的互联互通、企业的互联互通、行业协会的互联互通、区域经济的互联互通，着力构建一个以 CIDI 为核心枢纽，集聚产、学、研、用、融等创新资源要素的设计创新生态圈，促成一批融合创新的资源集群和产业集群等，激发创新内生活力，形成集聚和融合创新发展态势。

2. 以借助“外引内联”为力量，打造工业设计创新服务平台

CIDI 致力于成为一个工业设计的“资源库”和“资源整合者”，通过“外引内联”与国际、国内的政府和企业建立战略合作关系，从基础研究、技术支撑、知识产权、成果转化、咨询服务、人才培养、风险投资及国际设计合作等方面，全方位、多层次地汇聚各类资源要素，为工业设计创新提供强有力服务支撑，真正成为一个政府支持的、市场期待的、服务功能强大的、创新设计成果丰硕的、引领创新发展成效显著的、自身快速健康发展的工业设计创新服务平台。

3. 以布局“赋能产业”为特色，建好国家工业设计研究院

坚持传承经典与创新发展并重、开放引进与培育发展并举、市场拓展与环境营造并行的发展思路，建设新兴产业设计创新研究院、CIDI 优创学院、

CIDI 创意设计研究院等专业化创新服务平台，为企业解决创新发展中的难点、痛点、热点问题，服务国家战略性新兴产业的发展，服务中国经济创新发展，切实发挥“国家工业设计研究院”的引领和示范作用。

（三）“CIDI +”战略的主要功能和业务

实施“CIDI +”战略，按照“平台 + 公司”的模式重点建设 11 个专业化创新服务平台，并力争发挥平台的服务功能，提升设计创新能力，赋能产业创新发展（见图 1）。

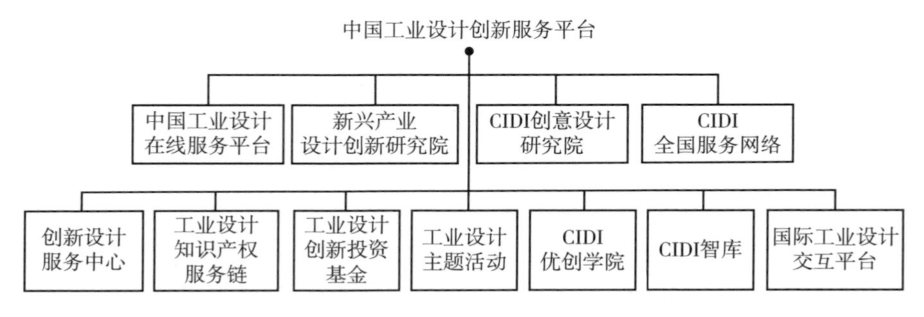

图 1　CIDI 功能性主体架构图

资料来源：中国工业设计研究院。

1. 中国工业设计在线服务平台

中国工业设计在线服务平台是中国工业设计创新服务平台的重要抓手之一（见图 2）。CIDI 启动了创新研发与转化功能型平台的建设，包括设计的价值评估系统、产品设计创新评价体系、设计过程的量化分析决策系统、以设计为主导的制造供应链双向配对系统等基础研究，实现线上和线下的联动，为工业设计和产业创新发展提供强有力的支撑服务。通过中国工业设计在线服务平台，CIDI 可以精准服务到广大制造业企业、工业设计机构和设计师，帮助企业、设计机构和设计师发布需求、展示资源、树立品牌等，获得更多有效的客户和商业机会。

2. 新兴产业设计创新研究院

新兴产业设计创新研究院以创新设计为切入口，为新兴产业注入创新发

图 2　中国工业设计在线服务平台示意图

资料来源：中国工业设计研究院。

展的元素和动能，发挥引领和驱动产业创新发展的作用。目前，CIDI 正在推进 CIDI 智能网联汽车设计创新研究院、CIDI 智能制造设计创新研究院、CIDI 数字设计及应用创新研究院的三个设计创新研究院的建设。它们将结合区域现状和发展规划，精准服务于国家战略性新兴产业的发展。

3. CIDI 创意设计研究院

CIDI 创意设计研究院致力打造一个“上海设计”品牌运营平台，依托国际国内创意设计领域的顶尖专家团队和专业的市场化运营团队，以企业为主体、以市场为导向、以创新融合为主线，共同打造一个享誉全国乃至全球的“上海设计”品牌，助力上海“设计之都”建设，推动企业从产品经济向品牌经济转型，引领和推动长江三角洲地区创意设计产业的发展。包括：打造“上海设计”品牌的影响力；制定“上海设计”品牌的评价标准及评选机制；“上海设计”品牌的授权及市场化运作；为“上海设计”品牌企业（机构）对接创新、市场、投融资等资源；开展“上海设计”品牌的培育工作。

4. CIDI 全国服务网络

CIDI 积极贯彻工业和信息化部与上海市人民政府对服务平台的要求，落实“立足上海、服务全国、辐射世界”的建设理念，在各地政府、商会的支持下，与当地龙头企业等合作共建 CIDI 创新中心。现阶段重点布局长三角重点区域，逐步形成 CIDI 全国服务网络，实现各地资源交流互动、有效对接、融合共创的效应。

2018 年，CIDI 在重庆市设立了“CIDI 西南中心”，成为重庆市工业设计创新及成果转化的重要服务平台。2019 年，“中国工业设计研究院智能制造（太仓）产业园”项目在江苏省太仓市启动建设和招商工作。2020 年 1 月，“CIDI 长三角（昆山）创新中心”项目在江苏省昆山市投入运营。这些 CIDI 区域创新中心在各地政府的支持下，围绕设计创新、产业辐射、高端智库、成果转化等方面推进服务工作，取得良好成效。

5. 创新设计服务中心

创新设计服务中心重点聚焦：为创新设计群体提供设计工具、设计软件、设计咨询、模型加工、中试生产等基础加工和分析以及检验检测、认证等技术服务；CMF（色彩、材料与工艺）数据库、产品图谱库、行业分析数据库、设计项目案例库、专利数据库等数据库的建设和服务。

6. 工业设计知识产权服务链

CIDI 建立了知识产权服务团队，为工业设计企业、设计师等提供知识产权交易、专利预警、快速审查、快速确权、快速维权等知识产权方面的服务，推动工业设计知识产权的保护、专业服务及成果快速转化。

7. 工业设计创新投资基金

CIDI 牵头成立了上海产业创意设计投资基金联盟，为企业提供投融资服务。我们正在筹划设立工业设计创新投资基金，依托上海工业投资（集团）有限公司、临港集团，首轮募资 10 亿元。基金主要投向国家战略新兴产业领域的原创设计项目，以及创意设计领域里具有国际水准的创新项目。

8. 工业设计主题活动

作为政府的公共服务平台，CIDI 主动承担了上海乃至全国性的工业设计主题活动筹办工作，为设计创新群体营造良好的成长环境和氛围，以活动促交流、以活动聚人气、以活动引项目、以活动带动创新生态建设、以活动提升 CIDI 的知名度和国际影响力，打造上海“设计之都”的国际魅力。

9. CIDI 优创学院

按照“平台+公司”的模式，CIDI 与同济大学设计创意学院、上海工艺美术职业学院、上海产业创意设计协会等 10 家院校和组织机构共同创建了“CIDI 优创学院”平台。CIDI 优创学院凭借 CIDI 平台的设计创新教学资源、国内各高校和高职技能学校的办学优势以及各设计机构的项目案例实践经验，针对制造业企业、设计机构的设计管理人员、专业设计人员、高技能人才等人群以工业设计师和数字设计师为主要培养方向开展培训工作。

10. CIDI 智库

CIDI 智库作为工业设计行业内领军智库，是具有跨行业、跨领域、国际化等特征的高端专家人才库，由海内外知名院士、专家学者等组成专家委员会。主要功能如下。负责国家及省市级工业设计中心/工业设计企业/工业设计研究院的培育、评审和认定工作；负责编制和发布中国工业设计创新指数以及设计创新企业排行榜榜单；为政府制定上海市及长三角工业设计主题的相关课题清单，并组织落实课题研究报告的撰写；为政府及企业委托的重大课题、产业发展规划、项目论证、立项、评审等提供咨询服务。

11. 国际工业设计交互平台

CIDI 正以国际国内交流与合作的双轴驱动形式，广泛吸引全球设计智慧和力量，推动对外合作，引进和对接世界各工业设计强国的设计组织和机构、设计企业、设计师等资源，共建设计创新中心。主要从事：国际高端设计师资源库建设、国际产品设计专利数据库建设、国际培训师资库建设、前沿科技信息发布、企业资源对接合作、国际招商、国际主题活动合作。目标：实现中外双方资源的相互导入和转化，不断加强与国内政府和相关产业的精准对接，增进上海及长三角地区的国际交流与合作活力，并积极推动中国设计“走出去”，服务“一带一路”倡议，提升中国设计的国际影响力。

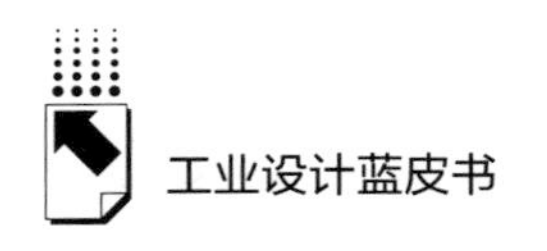

三 “CIDI +”战略最新成果

（一）“上海设计100 +”

为落实上海市委市政府进一步深化上海“设计之都”建设的指示，树立和发挥“上海设计”品牌影响力，挖掘和培育更多设计新力量、新项目和新成果，进一步提升上海设计创新体系，建设上海设计成果数据库，2020 年，CIDI 在上海市经济和信息化委员会指导下承办了首届“上海设计 100 +”的评选工作。首届“上海设计 100 +”评选工作共有五大板块：赋能产业、时尚生活、健康生活、服务城市、洞见未来，有 1200 多个项目参选，最终结果为：100 个优秀项目被授予“上海设计 100 +”称号、199 个项目入围。

2020 年 5 月 17 ~ 18 日，“上海信息消费云峰汇”隆重举行。活动以“数字赋能消费新时代”为主题，聚焦数字新基建、在线新经济。在上海市委副书记、市长龚正等领导的见证下（见图 3），隆重发布了“上海设计 100 +”获奖和入围名单，上海市委常委、副市长吴清为“上海设计 100 +”直播带货（见图 4）。CIDI 与拼多多、小红书、爱库存、美团点评、video + + 开放平台、得物等企业合作，线上发布“上海设计 100 +”评选结果，当日活动流量超 500 万（见图 5）。

通过“上海设计 100 +”评选工作，CIDI 为行业主管部门完善了设计创新体系建设并建立成果数据库。CIDI 通过对优秀设计成果进行挖掘、总结、评价和推广，为企业提升了成果的设计价值、市场价值和社会价值，充分释放设计的引领、赋能和支撑价值，助力企业创新发展，进一步发挥了设计产业的引领、示范和支撑作用，进一步提高了上海创意设计的产值贡献，推动产业的高质量发展，服务国家战略。

“上海设计 100 +”评选工作克服新冠肺炎疫情影响，通过云评审、云展示等方式，挖掘和推广了 2019 年上海设计的产品、事件和案例，助推上

图3　上海市领导宣布"上海信息消费云峰汇"开幕

资料来源：爱奇艺，https：//www. iqiyi. com/v_ 19rxxl1tic. html。

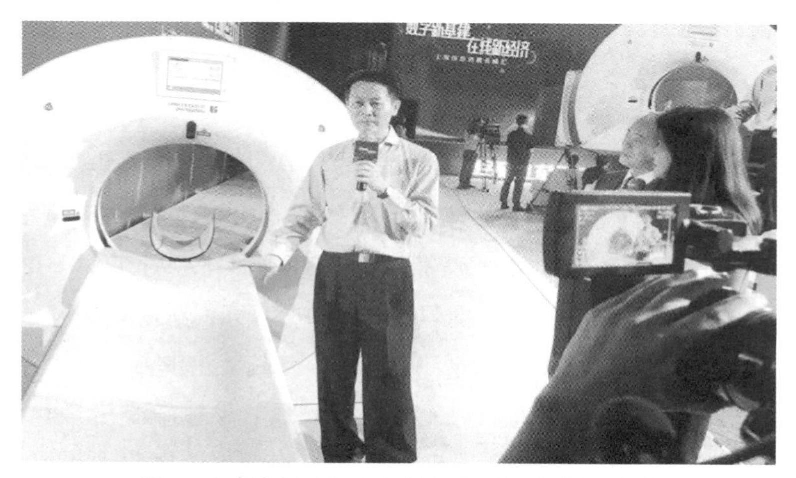

图4　上海市领导为"上海设计 100 +"直播带货

资料来源：爱奇艺，https：//www. iqiyi. com/v_ 19rxxl1tic. html。

海市人民政府发布的《上海市促进在线新经济发展行动方案（2020 ~ 2022 年)》的落实。

"上海设计 100 +"评选工作取得了以下成果：征集 1208 个申报项目、800 多个设计团队；评出 299 个入围项目；5 天公众投票，访问量超 2060 万人次；完成"上海设计 100 +"正选项目评选；完成项目与平台对接推广；完成"上海设计"品牌评价和体系建设。

图5 首届“上海设计100+”发布暨“上海设计·上海品牌”平台上线销售

资料来源：爱奇艺，https：//www. iqiyi. com/v_ 19rxxl1tic. html。

（二）上海市工业设计中心体系建设

为进一步加强上海设计产业体系建设，CIDI 开展了上海市工业设计中心体系培育和建设工作。工业设计中心是工业设计创新能力强、特色鲜明、管理规范、业绩突出、发展水平居先进地位的企业工业设计中心或工业设计企业。工业设计中心是产业高质量发展的重要引擎和创新策源。

首先，做好顶层设计，依据《国家级工业设计中心认定管理办法（试行）》（简称《管理办法》）。《管理办法》对设计中心培育和认定工作的意义价值、工作流程、管理机制、激励政策等做出明确规定，让作为建设主体的企业和各级管理部门做到有法可依、有据可查；同时，建立了区级、市级、国家级设计中心的三级培育梯度，增强设计体系培育的基础力量、中坚力量和引领力量，建立了工业设计中心的培育体系、组织体系和管理体系，并加强政策的宣传推广，为企业提供工作指导，形成良性循环。

其次，推动工业设计中心在线服务平台和数据库建设。通过在线服务平台进行设计中心认定和管理的政策宣贯、信息发布、材料申报、项目评审、数据统计、需求对接、成果交易等；同时，建立设计中心数据库，包括信息

库、人才库、项目库、成果库等，对设计中心进行动态管理和成果推广，建立与其他主流交易平台的对接机制。

目前，上海市市级工业设计中心共有32家，其中国家级工业设计中心8家。2020年，上海市计划新培育100家工业设计中心。

（三）新兴产业设计创新研究院建设

1. CIDI智能网联汽车设计创新研究院

CIDI智能网联汽车设计创新研究院由CIDI与上海博矢工程技术有限公司、上海国际汽车城（集团）有限公司、上海交通大学设计学院、上海市智能网联汽车创新中心等共同发起成立，计划要集聚上汽集团等"30+"的行业龙头企业，聚焦"智慧移动出行"，引领共创，主要目标如下。一是重点研究智能网联领域技术应用场景、市场痛点、用户体验、新技术应用推广、国际开源技术和产品协同创新等。二是建设专业化的数据库，如针对智能网联领域的CMF（色彩、材料与工艺）数据库等。三是致力于将5G、人工智能等新兴技术引入智慧出行场景应用中，加强新兴技术融合运用研究。四是通过对智慧出行生活方式的研究和应用场景的设计，对智能网联汽车二级市场起到一定的拓展和引领作用。五是将最新创意设计元素融入智能网联汽车设计，引领智慧出行时尚生活方式。六是建设轻量化智能网联电动车辆设计创新策源地。七是建设以长江三角洲地区为核心辐射全国的智能网联产业示范园区。主要服务于汽车整车厂、汽车零部件厂、上海及长江三角洲地区重点区域的产业链提质升级。

2. CIDI智能制造设计创新研究院

CIDI智能制造设计创新研究院由CIDI与保集控股集团有限公司、时新（上海）产品设计有限公司、上海智能制造系统创新中心有限公司、伟创力集团、苏州瀚川智能科技股份有限公司、无锡海德电子有限公司等11家单位共同发起成立，计划要集聚上海电气集团、上海仪电集团等"50+"的行业龙头企业，聚焦智能制造重点领域，如高端装备、工业机器人等，引领共创，主要目标如下。传统制造业的智能化升级改造；智能制造领域创新成果的产业化平台建设、制造技术研发及产线落地；智能制造方案的评估、规划、培训及具体实施；建设以长江三角洲地区为核心辐射全国的智能制造产业示范园区，主要服务于传统制造业企业转型升级和重点区域新旧动能转换。

3. CIDI 数字设计及应用创新研究院

CIDI 数字设计及应用创新研究院以新时代的国家战略、经济发展目标和《国家工业设计研究院创建工作指南》为建设指导，开展研究院功能规划与业务计划，基于围绕数字经济中的工业（新工业）、文化（新文化）、商业（新商业），确立将围绕跨领域、多行业的产业数字化进行建设，并从市场化运营出发，围绕“引领、服务、造血”三大功能，以区域（一体化）产业、行业、企业作为服务对象，用理论和实践指导研究院的建设和运营，实现案例的可复制性、可推广性和可持续性。

（四）服务平台建设

CIDI 立足上海，通过工业设计创新服务平台积极服务于在线新经济。“上海市企业服务云”作为上海市政府服务企业官方平台，承担着本市企业服务“一网通办”职能，面向本市全规模、全所有制、全生命周期的企业提供一站式政策服务、一网式专业服务、一门式诉求服务，力求让企业服务像网购一样便利。截至 2020 年 6 月 30 日，平台注册企业用户超 60 万人，完成各类服务订单 38 万余个，已成为本市优化营商环境的网络化智能化载体。

CIDI 是第一批入驻“上海市企业服务云”平台的机构，并积极参与平台共建，在云平台上开展了创新咨询、行业分析、工业设计、知识产权、材料咨询、培训课程等十几项服务，能够实现线上咨询、交流和下单，为企业提供专业、精准的线上服务（见图 6）。目前 CIDI 在“上海市企业服务云”平台上完成服务次数 823 次，好评率达 100%，已获两顶皇冠，多次被评为上海市企业优秀服务机构。同时，CIDI 建立了“上海设计 100 +”优秀项

目和案例展示平台，并与爱库存、拼多多、小红书等电商平台合作，共建设计成果网络交易平台和专区，开展设计成果交易。

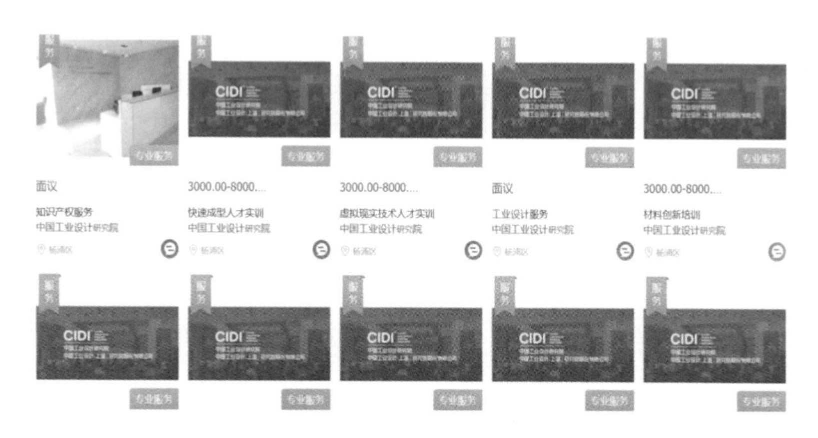

图 6　CIDI 入驻“上海市企业服务云”平台

资料来源：中国工业设计研究院。

四　CIDI 未来展望

2016 年 G20 峰会上，中国倡导签署了《二十国集团数字经济发展与合作倡议》，并在 2017 年正式将发展数字经济写入政府工作报告，数字经济成为中国创新增长的国家战略和主要路径。2020 年 4 月，习近平总书记在浙江考察时强调，要抓住产业数字化、数字产业化赋予的机遇，加快 5G 网络、数据中心等新型基础设施建设，抓紧布局包括数字创意产业在内的战略性新兴产业、未来产业，大力推进科技创新，着力壮大新增长点、形成发展新动能。产业数字化作为数字设计的服务对象与载体，对其进行深刻理解具有重要意义。产业数字化发展对于企业、行业以及宏观经济都具有极其重要的意义。从微观看，产业数字化再造企业质量效率新优势；从中观看，产业数字化重塑产业分工协作新格局；从宏观看，产业数字化加速新旧动能转换新引擎。

CIDI 将紧紧抓住这一战略新机遇，以数字设计为切入口，努力建设好数字设计领域的国家工业设计研究院，助力企业的设计创新，助力产业的创新发展，助力提升中国的产业数字化、数字产业化水平。

未来，CIDI 将自身进一步定位为设计与产业融合的研究者、融合创新架构与要素的管理者。努力提升自身的市场化运营能力，从以“政府扶持”为主，走向以“市场化经营”为主；从以“服务设计企业”为主，走向以“服务产业”为主。集合各种力量，努力建设好中国工业设计创新服务平台，与众多合作伙伴一起共建、共生、共享，服务好国家战略，推动中国工业设计和产业创新水平再上新的台阶。

参考文献

秦彪：《上海工业设计产业集群模式研究》，《上海经济》2017 年第 4 期。

王慧敏：《“十三五”上海文化创意产业发展：思路与重点》，《上海经济》2015 年第 7 期。

李昂：《设计驱动经济变革——中国工业设计产业的崛起与挑战》，机械工业出版社，2014。

B.16 智慧湾科创园的现状及未来发展研究

陈 剑*

摘 要： 智慧湾科创园作为上海机器人产业园研发基地，在下一步建设发展中，将聚焦前沿科技，以机器人及智能硬件研发服务为核心，有机结合“智”与“造”，打破区域概念，结合双方优势，实现资源共享、发展共赢、合作互利。而以中国3D打印文化博物馆为代表的企业，其通过联络产业链应用端，已集聚十多家3D打印知名企业，涉及产业链自上而下各个领域，形成了以3D打印为主导的创新产业聚集效应，帮助设计师和创意者实现商业价值，开启全新的私人定制设计时代。

关键词： 3D打印 创意工场 文化创意 机器人

引 言

智慧湾科创园位于上海市宝山区蕰川路6号，占地面积245亩，分四期进行改造升级。园区聚焦3D打印、智能制造、VR/AR和人工智能机器人四个产业中心，是上海科房投资有限公司旗下上海智慧湾投资管理有限公司

* 陈剑，上海智慧湾投资管理有限公司董事长。

倾力打造的科创与文创融合的个性化定制园区。

智慧湾科创园的前身为重庆轻纺控股（集团）公司下属上海三毛国际网购生活广场贸易有限公司。园区从2015年11月开始建设，仅用两年时间便完成了三期开发建设，吸引了一批有影响力的新科技、文化创意企业入驻，园区结合原有工业建筑的结构特色，充分考虑与周边公共空间的环境整体融合，将智慧湾科创园打造成区域新地标。智慧湾科创园于2019年与上海机器人产业园合作，聚焦“智”与“造”的有机结合，四期将建设成为上海机器人产业园研发基地。

一　智慧湾科创园发展现状

（一）集园区、社区、育区等于一体的24小时活力区

智慧湾科创园毗邻蕰藻浜，以水为脉，以绿为轴，视野开阔，环境怡然，是上海水湾生态型园区。在运营过程中，智慧湾科创园秉承“六区融合”的开放理念，将园区、社区、育区、展区、商业区和以体育为主的休闲区融合，辐射周边居民，形成24小时活力区；还提供体育锻炼、市民修身、夜间经济等场所和活动。同时，智慧湾科创园要把社区完全打开，与互联网“消除限制”的概念相融，盘活园区资源，培育一个各类创业人才、各种创新资源在此集聚的高地。

智慧湾科创园是宝山区“一号创新带”核心园区，“一号创新带”以轨道交通1号线宝山段为载体，目前有22家成员单位，智慧湾科创园作为核心成员，承载着宝山区加速产业转型发展的重任。智慧湾科创园自开园以来已先后获得上海市市级文化创意产业示范园区、上海科普公园、上海市“市民修身行动”市级示范点、上海机器人产业园研发基地、上海市四星级体育旅游休闲基地、上海市工业旅游景点和首批50家“上海市民休闲好去处”等诸多荣誉。

（二）以科创、文创为特色的个性化定制园区

智慧湾科创园提供集成办公（智慧办公）的平台服务，充分整合政府、资本方、合作伙伴等各方优势资源，构建一个面向创新创意企业、中小微企业及个人的创新、创意、创业生态环境。园区也吸引了史依弘、宋思衡、曹鹏、夏小曹、黄蒙拉、霍尊、罗威、陈辰等艺术大师“落户”建立名家工作室。

迄今为止，智慧湾科创园已经举办了百余场科普及文化活动，累计吸引人次超 50 万人。活动包括：Robotex 世界机器人大会、上海城市业余联赛室内穿越机竞速赛、上海市科技节宝山区焊接技术分会场、博物馆奇妙“夜”、国际 3D 打印嘉年华、史依弘京剧系列展演、宋思衡与机器人的音乐狂想等。

（三）建设四个产业，融入产业整合

第一，中国 3D 打印文化博物馆是全球首家以 3D 打印为主题的博物馆，通过联络产业链应用端，已集聚十多家 3D 打印知名企业，涉及产业链自上而下各个领域，形成了以 3D 打印为主导的创新产业聚集效应，帮助设计师和创意者实现商业价值，开启全新的私人定制设计时代。

第二，智慧湾科创园联合上海市多媒体行业协会、上海智慧湾虚拟现实创客空间等成立上海虚拟现实与增强现实产业联盟，目前正在建设体验馆和研发中心，打造具有上海宝山特色的 VR/AR 产业生态环境，为创业者提供技术体验与创新支撑。

第三，智能制造创意工场以智能云科信息科技有限公司为合作单位，致力于离散型分布式云制造技术的推广应用，将工艺技术、设计人才和高端设备进行有效组合，利用网络技术和基于用户需求的智能制造技术，提升中国制造的综合效率。

第四，智慧湾科创园正在紧锣密鼓部署人工智能产业，将聚焦服务机器人领域，以形成智慧湾的第四个中心，推动智慧湾虚拟现实、智能制造和人工智能项目的跨界整合，提升研发设计创新能力。

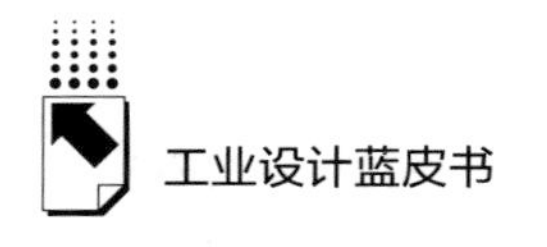

（四）精细运营，服务创客

作为服务性平台，智慧湾科创园的专业运营在帮助企业上下游连成完整产业链中发挥了极其重要的作用。一方面，集合科研院所、研发机构的专家团队技术力量，形成产学研用合作；另一方面，为入驻的研发企业提供市场对接，通过市场对接再反向推广研发企业，使得产品迭代升级，更贴近市场，以更快的速度进行产品推广，优化企业运转模式。

（五）新型载体，创意无限

智慧湾科创园在建筑形态上结合原有工业特色，充分体现宝山工业历史，在公共空间与周边环境融合方面，不仅注重自身环境品质的提升，也积极探索创客空间新形态。智慧湾科创园原集装箱堆场目前已建成国内最大的以集装箱为载体的“集装箱创客部落”，该片区办公空间色彩活泼，面积可自由组合，室外露台与周围的绿化、步道、停车位等元素巧妙融合，集聚新科技领域的年轻创客。园区原主楼和库房采用先进的国际设计理念，空间随意组合，自由拆分、升级，为企业带来更人性化、更效率化、更彰显独特文化风格的企业形象，集聚了一大批科技文化相融合的优质企业。

智慧湾科创园入驻企业达 300 多家，主要行业包括 3D 打印、数字媒体、人工智能、互联网和文化创意等，总体出租率已超 70%，主导产业占 80%，引进企业“三落地”率达 80% 以上。其中，重点企业有上海灵信视觉技术股份有限公司（多媒体技术应用领域）、智美体育（体育赛事运营、体育营销等领域）、上海轶德医疗科技股份有限公司（医疗器械领域）、上海伊铭萱婚庆服务有限公司旗下“圣拉维婚礼会馆”（一站式婚礼会馆品牌）、劳博（上海）物流科技有限公司（人工智能领域）。智慧湾科创园突出基地化、特色化、品牌化发展，把文化创新真正落实到产业发展上，努力打造一批创新企业集聚、创新活力迸发、产业生态系统良好、具有国际竞争力的企业。

（六）六区联动，协同发展

智慧湾科创园结合“四个产业”建设以及引进优质企业和提升园区环境，目前已形成“六区联动”。一是科普特色体验区，涵盖中国3D打印文化博物馆、VR/AR体验中心、智能制造工场、服务机器人展馆、新能源汽车展示、物联网互动区、多媒体技术创新体验区、集装箱科普走廊等。二是新生活体验区，涵盖菩蜜思健康食品体验区、圣拉维婚礼会馆、贝贝佳幼儿园、宠物训练营、匠人工场等。三是会展和娱乐区，包含智慧湾国际会议中心、艺术中心、影视中心、华夏邻嘉影院、炫动展示中心等。四是商业街和创意街，包括3D打印咖啡馆、机车酒吧、小日子书吧、小日子美食街、特色餐饮等。五是社区体育活动中心，包含橄榄球练习场、社区体育中心、屋顶足球场、桥空间射箭练习场、初心私教、室内泳池等。六是特色景点，涵盖中心绿地、集装箱创客部落、环线绿化带、码头音乐区、沿河健身步道、孔雀园、景观鱼池、音乐喷泉、工业遗存等。智慧湾科创园将建设成为新科技与艺术融合、以个性化定制为主的产业生态圈和24小时创新创意创业活力区，最终形成宝山区综合性智慧高地。

智慧湾科创园通过承办专业领域的科技峰会、企业路演、政策宣讲会、一对一投融指导等活动，促进创新企业交流、为创业者提供帮助。智慧湾科创园充分发挥各方优势，将更多的资源聚焦于平台，促进创新成果转化，形成生态环境，全面支撑产业生态体系，推动企业的成长壮大，使更多优秀的中小企业脱颖而出。

智慧湾科创园在桥空间建设科普长廊，举办科普调研活动、创办科普论坛和科普学堂，将其建设成为上海市科普产业园。同时，智慧湾科创园还会举办码头音乐会、匠人集市、亲子游园会、实验话剧等形式多样、内容丰富的活动，将自身打造成为上海市工业旅游新景点以及上海市商旅文结合的新地标。

（七）搭建服务体系，提供完善服务

智慧湾科创园以基础服务、配套服务、增值服务三个方面为主要内容搭

建服务体系，通过专业的市场化运作团队，为企业提供完善的服务。可有效提供相应的公共技术服务、知识产权服务、科技金融服务、人才服务等，在研发和产业化等方面具有良好的技术条件和服务环境。同时，针对入驻企业有效需求引入科技申报服务，着重推广和贯彻政府的相关政策，提供政策服务和导向功能。

智慧湾科创园内建立了3D打印创客空间、VR/AR创客中心、智能制造空间、人工智能创新中心等众创空间，根据产业定位，精细资源配置，使产业集聚化；优化产业结构，提升产业发展能级。其专业化的服务和多个创业基金的绑定，帮助创业者对接创业所需各种资源，形成创业者和创业资源的聚拢，为创业企业全生命周期提供一站式创新创业服务，同时引进张江示范区创客加服务平台。

二　智慧湾科创园未来发展规划

（一）推进产业转型升级，打造创新创意创业新地标

聚焦3D打印、智能制造、VR/AR和人工智能机器人等新型产业，以张江示范区创客加服务平台为服务品牌、以创新创业为服务目标，联合高校、科研院所及相关企业，推动产学研一体化进程，吸引人才入驻和产业集群。

智慧湾科创园作为上海机器人产业园研发基地，在下一步建设发展中，将聚焦前沿科技，以机器人及智能硬件研发服务为核心，有机结合“智”与“造”，打破区域概念，结合双方优势，实现资源共享、发展共赢、合作互利。

（二）坚持科创+文创，深化产业科普

坚持科创与文创融合发展，以城市为基础，承载产业空间和发展产业经济，以产业为保障，驱动城市更新和完善服务配套，形成良性交互循环的产城融合模式。

以四个产业中心为载体，将产业融入智慧湾产业科普的发展和建设中，聚焦科技前沿，推动成果转化，形成科普特色产业区品牌效应，推动产业科普。

继续做好“国际 3D 打印嘉年华”等品牌活动，以智慧湾国际会展中心、依弘剧场为组织点，积极引进优质活动，服务市民，助力形成科普文化新地标。

（三）优化经济布局，打造智慧湾夜间经济

对智慧湾科创园及周边社区环境进行统一规划和打造，加强氛围营造。通过区域性的环境改造，消除隐患，引入优质商家，提升消费层级，扩大智慧湾服务覆盖面，丰富区域整体形象。智慧湾科创园将积极响应上海“文创 50 条”发展政策及上海“四个品牌”战略，全面打造以智慧湾艺术商圈为主的夜间经济，聚焦智慧湾品牌内涵，引入优质企业和服务，带动园区人流量，推动经济增长。

（四）加强智慧园区建设，营造链接的产业生态圈

除了完善智慧湾科创园物理空间配套外，通过移动互联网，建立线上连接、线下经营的企业社群。智慧湾科创园将进一步提升创新力、竞争力和文化软实力，培育一批主业突出、具有核心竞争力的科创和文创骨干企业，形成一个集研发、创意、投资、推广于一体的生态圈，助力宝山区产业转型和升级，努力使智慧湾科创园成为上海城市科技和文化融合的综合体。

（五）智慧湾科创园四期，聚焦“智”与“造”的有机结合

智慧湾科创园四期位于联谊路 370 号，占地面积 9606 平方米。该项目由上海智慧湾投资管理有限公司负责整体设计施工及运营管理，旨在将其打造成为“上海机器人产业园研发基地”；并将和复旦大学人工智能产业研究院及大数据学院联合建设大数据及人工智能产业基地；以区域内特点鲜明的中国 3D 打印文化博物馆支撑机器人产业研发及制造，协同引入相应的机器人产业及商业配套企业，聚焦“智”与“造”的有机结合。具体如下。

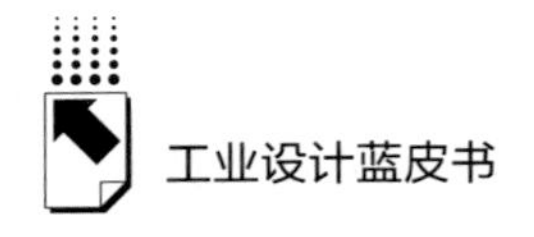

第一，智慧湾科创园四期将成为上海机器人产业园研发基地，研发基地建设将以机器人及智能硬件研发服务为核心，整合行业资源，集聚机器人等领域优秀企业，引进创业项目和团队，打破区域概念。结合智慧湾科创园和机器人产业园双方优势，实现资源共享、发展共赢、合作互利，打造合作共同体。

第二，“园区加基金”产业发展模式。以智慧湾科创园四期为主要载体，与复旦大学合作打造大数据及人工智能产业基地，联合成立复旦智能产业创新投资基金，形成“园区加基金”产业发展模式。贯彻“资本市场服务实体经济”战略，促进上海机器人产业园研发基地应用示范区的建设、服务和升级。落实“产融结合”要求，根据宝山区机器人小镇发展战略，培育龙头企业，依靠人工智能及大数据等产业龙头企业的联动，实现包容性及可持续发展。

第三，支撑相关智能制造的3D打印研发中心。以智慧湾科创园已形成品牌创新效应的中国3D打印文化博物馆为基点，继续建设智慧湾科创园四期3D打印研发中心，为机器人及相关智能制造及研发工作提供增材制造力量。将与清华大学建筑学院等合作设立3D打印共享平台，为智慧湾科创园四期驻园的汽车制造、模具制造、消费电子等具备应用场景的行业企业提供3D打印全系列技术。

第四，完善结构完整的产业配套。根据机器人产业发展特性，除机器人本体制造研发外，智慧湾科创园四期将聚焦于机器人产业的商业配套机构，以本区域提升产业创新和产业协同为抓手，引入产业机器人的核心配套机构；着眼于智能感知、新材料应用、伺服动力系统等机器人产业二级配套机构，协同上海机器人产业园研发基地完善相应配套，提升区域内创新资源的流动性。

参考文献

刘光宇：《中国产业园区4.0时代来临》，《安家》2016年第6期。

B.17
中国3D打印文化博物馆案例研究

朱　丽*

摘　要：　中国3D打印文化博物馆由上海智慧湾投资管理有限公司等投资建设，占地面积为5000平方米，是中国以及全球范围内首家以3D打印为主题的博物馆。博物馆在规划和建设中，不仅以集中展示3D打印产业的高新技术和应用为主要展陈目的，同时广泛科普3D打印技术，全面展示3D打印新科技在消费品端和国计民生中的使用，重视功能和教化价值的有机结合，使之成为有高度参与性、体验感强的博物馆，丰富新科技的文化内涵，为增材制造行业在各领域的应用方式提供信息和范例。

关键词：　3D打印　高新技术　创新创业教育

一　中国3D打印文化博物馆基本情况

（一）选址

中国3D打印文化博物馆（简称“博物馆”），位于上海市宝山区蕰川路6号智慧湾科创园内，由上海智慧湾投资管理有限公司等投资建设，占地面积为5000平方米，是中国以及全球范围内首家以3D打印为主题的博物馆。

博物馆的前身是上海第三毛纺织厂下属全资子公司上海市纯新羊毛原料

* 朱丽，中国3D打印文化博物馆馆长、上海创克加科技有限公司总经理。

有限公司的仓库用地，进入博物馆一楼大厅，就会被左右两侧的巨大水泥滑道所吸引，这个滑道连接着博物馆整个建筑，以前工人们用滑道将纺织面料运送至一楼装车发运，这是一座具有历史底蕴、文化内涵的建筑，不仅凝结着中国近代纺织业发展历程的印记，更见证了近现代中国传统制造业的百年历史。而现在作为智能制造的代表——中国 3D 打印文化博物馆选址于此，是传统制造业和智能制造穿越时空的对话，喻义承上启下，是传统制造业和智能制造业的完美融合（见图 1）。

图 1　中国 3D 打印文化博物馆

资料来源：百度百科。

（二）建设规划

中国的 3D 打印产业迎来高速发展，根据增材制造的产业需求、人才培养、社会需求和制造业升级换代的需求，由工业和信息化部工业文化发展中心、上海智慧湾投资管理有限公司和上海极臻三维设计有限公司合作共建中国 3D 打印文化博物馆。2016 年 9 月，博物馆试运行；2017 年 7 月 19 日，博物馆在上海市宝山区智慧湾科创园落成揭牌并正式对外

营业；2018 年 1 月，博物馆被评为“上海市工业旅游景点”；2018 年 7 月，由上海市科学技术委员会授予博物馆“上海市专题性科普场馆”（见图 2）。

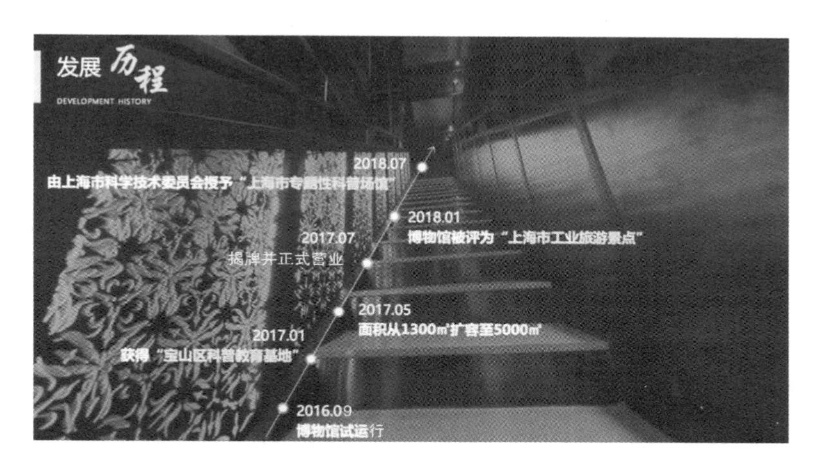

图 2　中国 3D 打印文化博物馆发展历程

资料来源：中国 3D 打印文化博物馆。

博物馆立足于 3D 打印技术与 3D 打印设计应用的发展脉络，融合机器人、参数化设计、行业应用展示，通过科普、体验、新品发布等活动，多层次、多角度地诠释和解读 3D 打印技术，成为工业 4.0 时代的示范性现代博物馆。目前，博物馆已成为国内外聚焦增材制造行业的窗口，具有高度的品牌示范和向国际输出的效应。

（三）建筑分区和区域功能

博物馆建筑面积为 5000 平方米，馆内共 6 层，收藏了 2380 件 3D 打印技术在航空航天、医疗、汽车、建筑、新材料、影视道具、模具、服装、首饰、家具、餐具、灯具、雕塑、艺术衍生品、乐器、人像、手办、食品等多个领域的创新成果；馆内有常设展厅、主题展厅、3D 打印材料图书馆、3D 打印研究中心、创意廊、互动展厅、映像展厅、3D 空中花园、3D 儿童活动中心 9 大功能区，兼具科技、文化、教育、体验等多重功能。

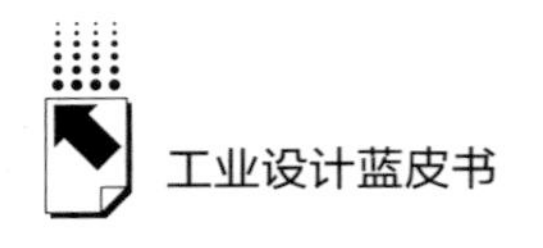

二　中国3D打印文化博物馆展览内容与形式设计

（一）展品展示

3D打印技术经过30多年的发展和研发技术地不断突破，已经在多个领域展现出它的作用。博物馆内收藏的2380件展品，涵盖了航空航天、医疗、汽车、建筑、新材料等多个行业（见图3），对激发青少年的科技兴趣、加强科学技术普及、提高全民科学素养、在全社会塑造科学理性精神起到积极推动作用。

图3　中国3D打印文化博物馆展示多项应用成果

资料来源：中国3D打印文化博物馆。

（二）3D打印材料图书馆

3D打印材料图书馆具有向国际领域提供创新材料和咨询服务的功能。随着博物馆的快速发展，材料图书馆将有机会成为世界最大的创新材料、可持续材料集成与应用的图书馆，可以向中国高校、研究院和企业提供咨询服务。设计师不仅能使材料成为创作素材，而且他们还有机

会从3D打印材料中获取灵感，无论这些设计师是来自建筑设计、时装设计、珠宝设计领域，还是来自室内空间设计、景观设计、交通设计等领域，3D打印材料图书馆都将为设计师们提供全球顶级材料，从而辅助设计师完成创意材料方案，帮助产品的升级换代，以及产业结构向智能制造转型（见图4）。

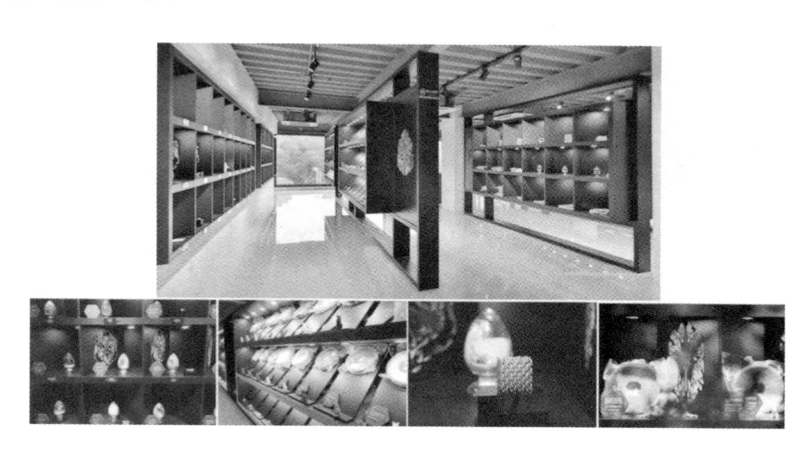

图4　中国3D打印文化博物馆（3D打印材料图书馆）

资料来源：中国3D打印文化博物馆。

（三）3D打印研究中心

3D打印研究中心配备了多台3D打印设备，包括FDM熔融沉积快速成型、SLA光固化成型、3DP三维粉末粘接、SLS选择性激光烧结、SLM选择性激光熔融、三维扫描等，为增材制造在设计领域创新、创意以及在教育培训领域提供技术支持，也满足3D打印应用服务的需求（见图5）。

（四）3D打印互动体验项目

1. 3D打印笔
2. 3D打印珠宝定制系统
3. 3D打印巧克力

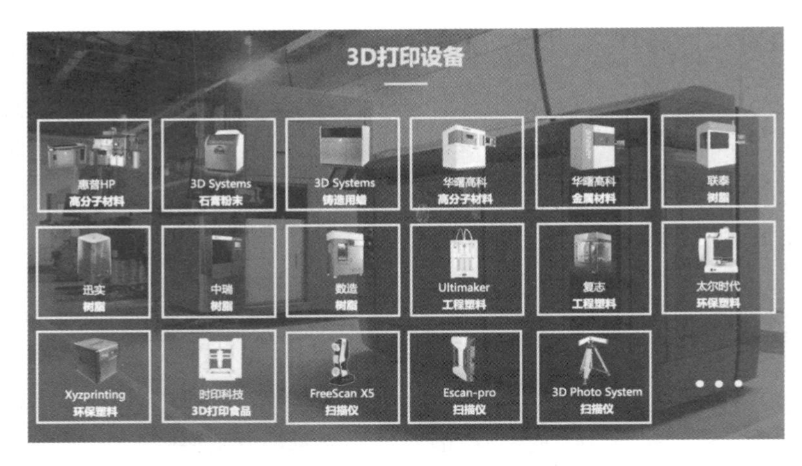

图 5　3D 打印设备展示

资料来源：中国 3D 打印文化博物馆。

4. 3D 打印咖啡
5. 3D 打印过程演示

三　中国3D 打印文化博物馆相关活动

博物馆正式对外营业以来，已策划和举办百余场行业内权威的专题研讨会和论坛，成为行业内 3D 打印专题活动的重要组织者和承办者（见图 6、图 7）。

图 6　惠普增材制造完整解决方案专题研讨会

资料来源：中国 3D 打印文化博物馆。

图 7　3DHEALS 沙龙论坛（揭示中国医疗行业 3D 打印生态系统）

资料来源：中国 3D 打印文化博物馆。

（一）教育与培训

3D 打印应用需要与传统产业深度结合。3D 打印行业规模不断扩大，但人才短缺问题始终困扰着行业的进一步发展。产业发展需从专业人才培训入手，以此提升创新素质。博物馆已经连续两年与英国 AA 建筑学院举办“3D 打印与建筑设计”的暑期工作营，吸引了全球建筑专业的大学生参加（见图 8）。

图 8　“3D 打印与建筑设计”暑期工作营

资料来源：中国 3D 打印文化博物馆。

同时，博物馆与多所国内高校建立联合实验室、“3D 打印创意设计”实践基地，已产出多项共同开发的创新科研成果（见图 9、图 10）。

图 9　剪纸微课

资料来源：中国 3D 打印文化博物馆。

图 10　南京艺术学院“3D 打印创意设计”实践基地

资料来源：中国 3D 打印文化博物馆。

博物馆与清华大学建筑学院研发的机器臂 3D 打印混凝土技术，建成目前世界上规模最大的 3D 打印混凝土步行桥。该桥全长 26.3 米、宽 3.6 米，

桥梁结构参考了中国古代赵州桥的结构方式，采用单拱结构承受荷载，拱脚间距14.4米，此3D打印混凝土步行桥最多可以承受600人的重量（见图11）。

图11　世界最大规模3D打印混凝土步行桥

资料来源：百度百科。

（二）主题活动策划与举办

此项活动旨在聚焦3D打印行业市场应用，促进产业聚集，助力产业快速发展。作为解决传统制造痛点的良方，3D打印将驱动中国进入工业4.0时代。国际3D打印嘉年华跳出了传统的会展模式，通过全新的沉浸式体验，打破人们对于3D打印的固有印象，还原了一个真实的3D打印主题世界（见图12）。

（三）3D打印创客大赛

3D打印创客大赛是由上海市科学技术委员会主办的“上海国际创客大赛”中的3D打印专题赛。3D打印创客大赛旨在树立创客创想理念，加强拔尖创新人才培养，运用科技创新、创意转化，找寻科技创新与3D打印的契合点，制作创新性的硬件作品，使作品具备创业孵化项目可行性（见图13）。

图 12　国际 3D 打印嘉年华之百人打“印”

资料来源：中国 3D 打印文化博物馆。

图 13　“上海国际创客大赛”之 3D 打印专题赛

资料来源：中国 3D 打印文化博物馆。

（四）创客培育与创新

博物馆整合产业价值链的上下游企业，构建完善的 3D 打印生态圈。通过加强国际交流合作，链接优势资源，与智慧湾科创园内“3D 打印创客空间”联动，构建集设计、研发、实验、展览、孵化、国际对接等功能于一

体的产业技术公共服务平台，促进创新成果转化，支撑数据资源共享，为科创团队的成果转化提供帮助，推动高新技术产业更快发展（见图 14）。

图 14　智慧湾科创园内的“3D 打印创客空间”

资料来源：中国 3D 打印文化博物馆。

未来，博物馆将通过更丰富的科普活动、更专业的峰会论坛、更多细分行业和领域的作品展览、更紧密的国际交流合作，连接每一位创新者、开拓者，呈现最完美的解决方案，推动 3D 打印创新发展。

B.18 智慧京张高铁视觉应用系统设计案例

林 迅 于 钊*

摘 要：百余年前，“中国铁路之父”詹天佑克服万难修建京张铁路。如今，由中国铁路总公司组织修建的京张高速铁路（简称“京张高铁”）是中国第一条在高寒地区、大风沙尘天气以350km/h运营的有砟轨道高速铁路，同时，八达岭长城站随着京张高铁建成通车，该站投入运营。八达岭长城站是目前世界最大的高速铁路（简称“高铁”）地下车站，彰显了中国高铁居世界前列的设计水平和建设实力，让中国为之自豪。为了彰显“智慧”与国际化车厢设计、车站导视系统建设思路，中车四方车辆有限公司与上海应用技术大学艺术与设计学院合作，以“全方位设计”为理念，集功能、科技、智能、服务于一体，对京张高铁车厢、京张高铁智能导视系统和京张高铁站房等方面进行全方位的分析和设计。

关键词：京张高铁 智能车厢 视觉信息设计

一 京张高铁全方位设计理念

京张高铁将是连接北京、延庆、张家口三个地区的有力交通工具。京

* 林迅，上海交通大学设计学院教授，博士研究生导师，研究方向为设计艺术学、数字媒体艺术；于钊，上海交通大学博士研究生，佐治亚理工学院联合培养博士研究生，研究方向为工业设计、交互设计。

张高铁穿越时空，构建快速进京客运通道。2022年冬奥会即将来临，京张高铁以中国元素、冬奥会以及京张百年铁路文化为主题，以“全方位设计”为理念，集功能、科技、智能、服务于一体，体现中国国力，将成为国际一流水准的高铁示范线。该项目主要分为三个部分：京张高铁车厢设计、京张高铁智能导视系统设计、京张高铁站房设计。

二　京张高铁车厢设计

本部分主要针对新科技、新设计、新服务，以及高铁车厢室内功能区域，形成高铁车厢－智能服务生态。

（一）新科技

以京张高铁车厢电子玻璃设计为例。如图1所示，高铁车头与其后部车厢中间用一块电子玻璃隔开，可以看到前面驾驶室中驾驶员的操作，给乘客营造出一种浸入式体验。然而，长时间“目睹”列车的高速运行，会给乘客带来一种不安和不稳定的心理体验。所以，采用电子玻璃调节透明度，可解决此问题。

图1　京张高铁车厢电子玻璃设计[1]

① 本报告无资料来源的图片均依据内部资料绘制而成。

（二）新设计

以京张高铁奥运功能区域设计为例。如图 2 所示，一方面，京张高铁主要服务于 2022 年的北京冬奥会，在设计上加入冰雪运动器材存放、纳米防滑技术及滑跌提示等专门的区域，同时在冬奥会结束后，这些设计也可以用于其他方面。另一方面，针对用户需求，加入可调节灯光的设计，独立可调节灯光设备在多国的列车、飞机等公共交通工具中广泛应用，其优势在于提升旅客阅读体验的同时，可减少列车的整体用电负荷。另外，夜间行车降低车厢亮度，将减少对车外环境的影响，也将使夜间出行的旅客拥有更好的睡眠质量。

冰雪运动器材存放

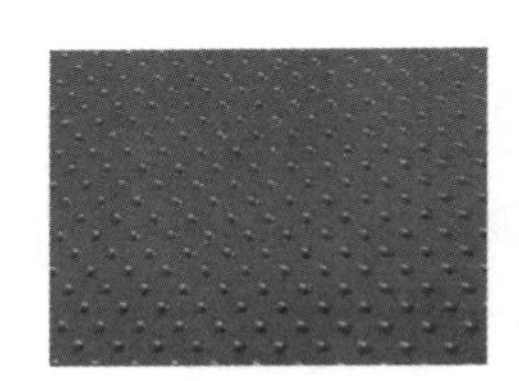

纳米防滑技术及滑跌提示

图 2　京张高铁奥运功能区域设计

（三）新服务

以无人售货机为例。随着国内技术的发展，移动支付逐渐普及，无人售货机日益智能化，其便利性渐渐凸显，呈现了爆发式发展。然而，无人售货机在国内的发展状况却十分不均衡，具体来说，一线城市、华东和华南地区的一些大城市普及率相对高一些，三、四线城市以及中小型城市的市场还有待挖掘。这形象地体现了城市化进程对无人售货机的影响之大。随着机场、高铁站、大型购物中心逐渐下沉，城市基建的发展给予无人售货机扩张的机会。同时，随着经济的快速发展，人们的见识在不断提升。如此一来，无人售货机更容易被消费者所接受，而不只是成为年轻人的专用品。

三　京张高铁智能导视系统设计

为实现京张高铁智能导视系统功能，在原来动静结合导视系统的基础上，引进符合当代旅客生活和行为方式的科技手段，引进新型设备、先进技术、新材料，改进视觉色彩，全方位服务于车站每一个环境及功能区域。京张高铁智能导视系统主要针对以下五个方面进行改造。

（一）智能服务中心

如图3所示，智能服务中心作为车站大厅的标志，是构成整体空间氛围的重要组成部分。智能服务中心内通过放射性播放360度全方位的环境背景音乐，来营造整洁、平静的氛围。为了实现更好的演出效果，通过调整灯光亮度及颜色变化来突出视觉效果，营造大气的氛围。

模拟影像效果

季节性变化影像效果

品牌形象及文字信息影像

商家广告投放影像

图3　京张高铁智能服务中心设计

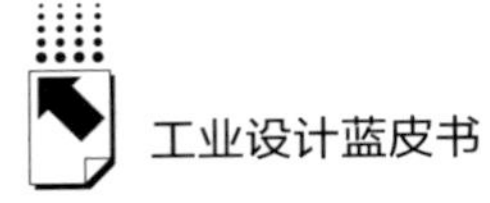

如今已进入信息化消费时代，智能服务中心顺应时代发展，增强智能化设置与服务区域的建设、提升并改进候车站内娱乐及信息查询服务，形成高铁车站全新的服务链条及新一代服务模式。

（二）智能声音旅服系统及无障碍服务

在嘈杂的车站空间内，通过把控一定的方向性，乘客能保持平静的心态，秩序井然地活动。中车四方车辆有限公司与上海应用技术大学艺术与设计学院合作，从声音、影像、照明、气味等方面打造符合国际社会标准的智能声音旅服系统。为了实现此目标，排错实验、现场测试、音响模拟等前期设计就显得格外重要。智能声音旅服系统能够结合由于乘客人数变化而造成的噪音音量变化，实现自动控制音量的功能。大批旅客发出的声音导致大家听不清广播内容。为了防止此问题，可以安装噪音探测器来收集噪音，并根据噪音等级来控制广播音量（见图4）。

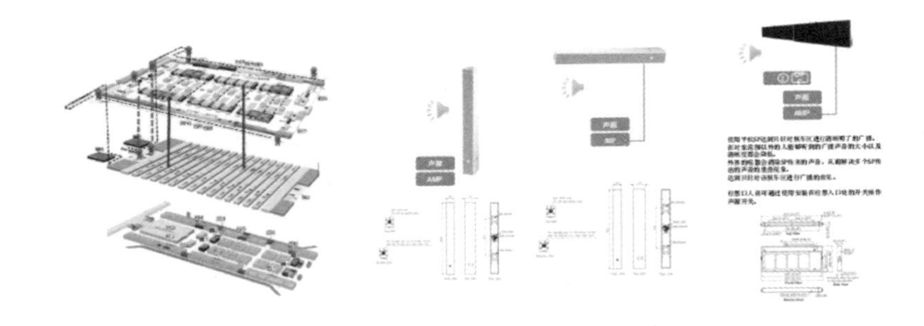

图4　京张高铁智能声音旅服系统设计

同时，为了增强高铁旅客服务的人性化体验与关怀，在车站无障碍电梯处设置无障碍信息服务标识。针对特殊人群的无障碍服务如 LCD 屏滚动播放车次及检票信息、盲文触摸面板、紧急呼叫系统等。此外，在车站空间内建立一套全方位、多角度的盲人语音服务系统，盲人带有接收器，在途经设备地点时，周边环境会以语音的方式传递给盲人旅客此区域的功能介绍，帮助他们在车站内顺利走动，形成一个立体化的语音接收服务系统环境（见图5）。

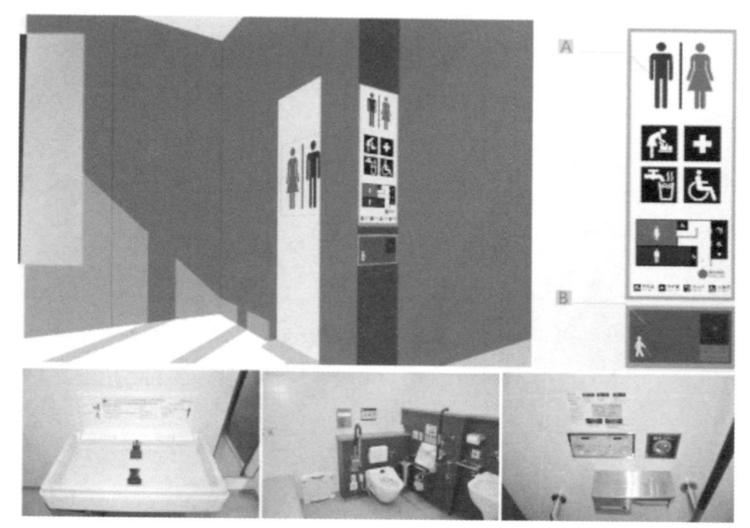

图5　京张高铁无障碍设施设计

（三）地面色彩引导系统及导向标识系统

根据功能区域，将以地面色彩引导系统帮助旅客快速识别区域位置，合理地结合建筑、空间的特点做出解决方案。旅客进站后，为了高效分流旅客，设计时钟以及明确醒目的分流导向标识，可以避免进站口发生拥堵现象，有助于提升旅客进站效率（见图6）。

导向标识系统的版面信息内容精简，突出主要功能。重点信息标注颜色，辅助信息标注旅客到达的距离。标注颜色的导向标识使信息更加明确醒目，达到准确的识别性与功能性引导（见图7）。

（四）应急逃生智能系统

为保证紧急情况发生时旅客安全与站内秩序，设计人员建立科学规范的应急逃生智能系统，以便在紧急情况发生时，旅客可根据醒目的逃生路线有序撤离现场。首先，在车站完全无光环境下，保证旅客看到醒目的逃生路线与方向引导，达到有序撤离。其次，与检票口导视系统结合，显示紧急撤离信息，醒目地提示旅客，并播放语音广播（见图8）。

图 6　京张高铁地面色彩引导系统设计

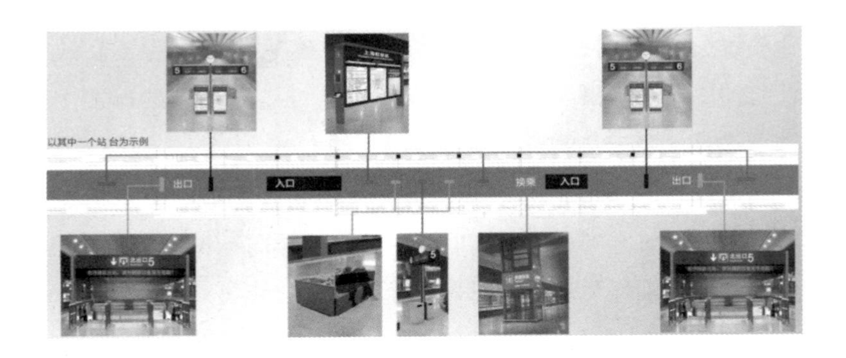

图 7　京张高铁导向标识系统设计

（五）智能手机导航系统

现如今，信息呈现多样化，传统的以报纸或电视为主的大众信息媒体正逐渐被网络所替代，手机也逐渐转变为以智能手机为主流，智能手机逐渐成

图8　京张高铁应急逃生智能系统设计

为人们交流的基准。将传统导航系统与智能手机结合，应用AR技术提供导向服务、运用导航系统进行紧急疏散引导（见图9）。

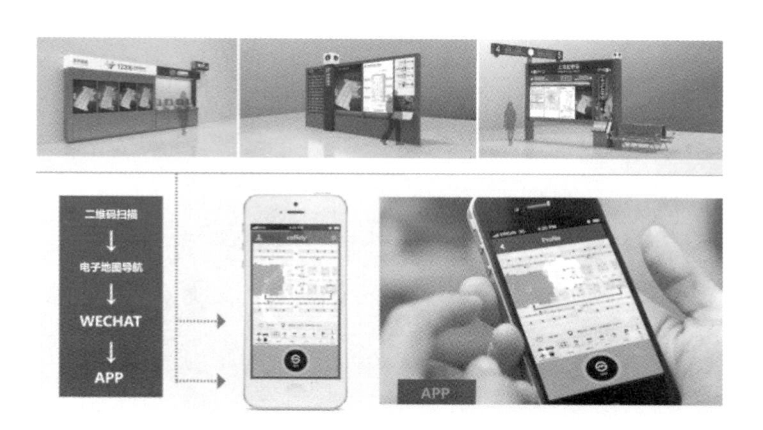

图9　京张高铁智能手机导航系统设计

四　京张高铁站房设计

需要赋予京张高铁特殊的含义。根据京张高铁的历史功能，项目提出了以下五种主题风格。

（一）冬季冰雪主题风格（见图10）

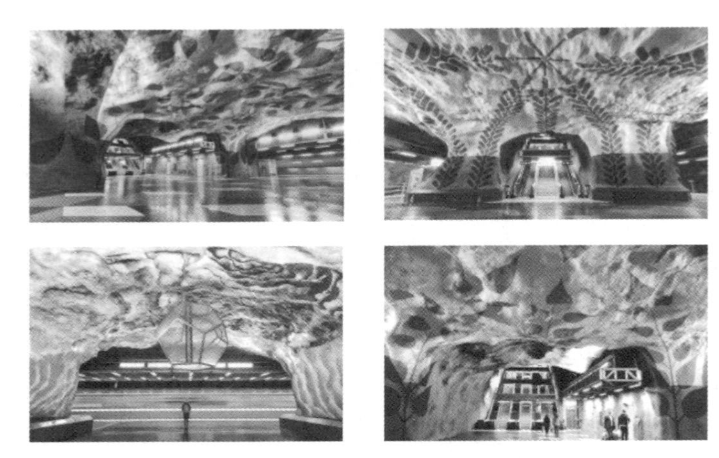

图 10　冬季冰雪主题风格

资料来源：《10 座值得一生造访一趟的地铁站》，https：//max. book118. com/html/2018/0408/160599871. shtm。

（二）奥运项目主题风格（见图11）

图 11　奥运项目主题风格

资料来源：北京 2022 年冬奥会和冬残奥会组织委员会网站，https：//www. beijing2022. cn/。

（三）百年京张主题风格（见图12）

图 12　百年京张主题风格

资料来源：《京张铁路：见证百年风雨与梦想》，http：//hbrb. hebnews. cn/pc/paper/c/201711/23/c34886. html。

（四）长城元素主题风格（见图13）

图 13　长城元素主题风格

资料来源：中国美术家网，http：//changchengbowuguan. meishujia. cn/。

（五）国际现代主题风格（见图14）

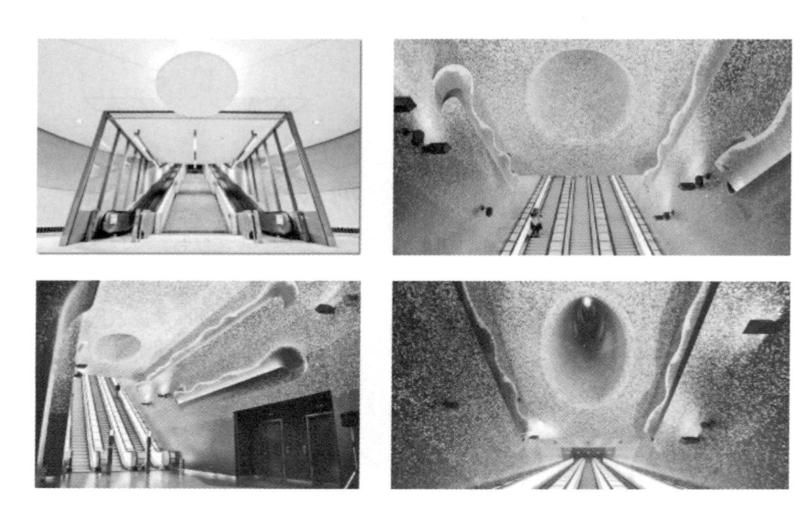

图 14　国际现代主题风格

资料来源：《世界最美的地铁站 那不勒斯托雷多 Toledo》，https：//travel.163.com/19/0220/00/E8DSI6HV00068AIR.html。

Abstract

With the in-depth development of economic globalization and social informatization, design service plays an increasingly important supporting role in implementing innovation-driven development strategy and improving the quality of economic development. In this situation, the State Council has made a strategic plan to promote the integrated development of cultural creativity and design service and related industries. *Development Report on China's Industrial Design* (2021) is an annual report that comprehensively and systematically reflects the development of international and domestic industrial design.

This report uses the methods of documentary analysis and bibliometric analysis to summarize the industrial design indicators and intellectual property relevant data published by China Industrial Design Association, National Bureau of Statistics and World Intellectual Property Organization. The report focuses on the rapid rise of the technological revolution and industrial transformation, the far-reaching impact of COVID – 19 pandemic on globalization and the real economy, and the challenges brought about by the vigorous development of new technologies, industries, models and business for the future development of industrial design. It describes the latest trends of international industrial design for readers, and points out the advantages and disadvantages of China's industrial design development. In addition, it advances the crisis of industrial design under the pandemic situation breeds new opportunities. We should pay attention to the combination of internationalization and localization, cultivate multi-skilling design talents, and constantly enhance the competitiveness of China's industrial design, and it shows the unique foresight and guiding significance.

The report is divided into six sections: general report, industry reports,

regional reports, special topics, comparison and experience reports, case studies. It focuses on highlighting systematicness, cutting-edge, innovation and internationalization, and on the unity of theoretical value and application value, academic research and practical application. The contents of this report are of great significance for grasping the development trends of international and domestic industrial design, evaluating the development effect of industrial design regions, sharing the design innovation experience of enterprises, and promoting the development of industrial design.

Keywords: Industrial Design; Innovative Design; Design Industries; Design Service

Contents

Ⅰ General Report

Abstract: In recent years, with the rapid rise of sci-tech revolution and industrial transformation, new technologies, industries, business and models are thriving. Industrial design has become an interdisciplinary specialty. To link innovation, technology, business, research and consumers together to carry out creative activities. during the 14th Five-Year Plan period, the state will continue to vigorously promote the development of industrial design. Industrial design has become a leading industry of national innovation and development and a strong driving force of global innovation and development. With the outbreak of COVID -19 Pandemic in early 2020 accelerated the evolution of the hundred years of technological change, and deeply influenced the theory and practice of industrial design. Through the analysis, we can see that the domestic industrial design presents the development from the real economy to the fictitious economy, and then to the real economy. In the post-pandemic era, the design needs to carry out an overall and comprehensive reflection, rather than just limited to the local and technical level. The innovative design in the post-pandemic era needs to cultivate new opportunities in the crisis, open up new situations in the changing situation, and strengthen the review of design. Deeply understand the significance and connotation of the community with a shared future for mankind.

Keywords: Industrial Design; Design Digitalization; Design Industries

Ⅱ Industry Reports

B.2 Current Condition and Development Trends on China's Vehicle Design (2021) *Zhi Jinyi*, *Chen Hongtao* / 023

Abstract: Vehicle is an important carrier of people's travel and an indispensable part of modern society. Vehicle design is the integration of technology and art, but also an important embodiment of the development level of modern design. In this paper, the design status and development trends of typical vehicles in the land, air, water and other application fields independently researched and developed in China in recent years are sorted out. By using the methods of literature research and case analysis, the development trends of intelligence, human culture and diversification of vehicles is summarized, which provides research reference for relevant practitioners of vehicle design from the perspective of industrial design.

Keywords: Vehicle; Industrial Design; Passenger Car; Intelligence

B.3 Current Condition and Development Trends of Technique on Multimedia Design for Exhibition and Display in China (2021) *Yao Junjie*, *Zhang Cheng* / 038

Abstract: Exhibition and diplay design is a comprehensive visual art in modern design. At industry 4.0 era, with the enhancement of computer processing ability, the popularization of big data application and the use of new materials, some pictures that could only be seen in film works will be applied and realized in the practice of exhibition and diplay. This article covers mainly the introduction and the analysis of the concept of exhibition, the elements of exhibition design, the applications of high-tech multimedia techniques in exhibition and diplay design, and several development trends of multimedia technology in future exhibition and diplay design. The introduction of some relevant domestic enterprises in this industry is also included. By this article, the authors hope to exchange the experience and share the works of exhibition and display design with readers inside and outside the industry. In the future, multimedia technology is moving in the direction of more comprehensive data, more refined information, clearer picture and more experiential interaction. Based on the 5G technology of exhibition and display will have features such as widely spread, entirely data and abundant application scenarios.

Keywords: Exhibition Design; Display Design; Multimedia Technology

Ⅲ Regional Reports

Abstract: During the 13th Five-Year Plan period, Henan province industrial design has made breakthroughs in platform construction, government-industry-university-research cooperation, designed for helping the poor domain and other aspects, effectively promoted the improvement of quality and efficiency and promoted industrial transformation and upgrading. In response to the strategy of making China a powerful manufacturing country, Henan province has issued policy documents to encourage and support the development of industrial design and the construction of innovative platform for industrial design. In general, Henan province will continue to support the development of industrial design in terms of policy environment and personnel training in 2020, take Puyang city for example, it mainly promotes the overall development of Henan province industrial design from the following aspects: the main body of industrial design, the construction of industrial base, the purchase of industrial design services by enterprises, the holding of large-scale industrial design activities, the participation of enterprises in design innovation competitions, the transformation of industrial design achievements, and the establishment of special funds for industrial design industry. Facing the development opportunity period of the 14th Five-Year Plan, Henan province industrial design will take "high-quality development" as the goal, further increase policy support, improve overall development level, strengthen industrial ecological construction, and promote the deep integration and development of industrial design and manufacturing, service and information industry.

Keywords: Industrial Design; High-quality Development; Integrative Development

B.5 Development Reports on Guangdong-Hong Kong-Macao Greater Bay Area Industrial Design (2020 -2021)

Liu Zhen / 066

Abstract: The global economy has entered the era of index economy. Under the development mode of the four major international bay areas, the status quo of the industrial design industry in the Guangdong-Hong Kong-Macao Greater Bay Area "9 +2" city cluster has been studied. This report analyzes data from the five dimensions of order index, design volume index, employment index, demand index, and innovation index. The industrial design index of the Guangdong-Hong Kong-Macao Greater Bay Area is in the expansion range, innovation is strong, and production expansion is strong. It aims to propose countermeasures for the high-quality development of industries in the Guangdong-Hong Kong-Macao Greater Bay Area. Guided by the current industrial development problems, this paper puts forward major problems and countermeasures to promote the government's innovative governance, gradually realize regional coordination, enhance the driving force of innovative design, cultivate advanced manufacturing clusters, optimize the business environment of enterprises, and stimulate the vitality of industrial development, aiming to promote the manufacturing industry in Guangdong-Hong Kong-Macao Greater Bay Area in the face of "profound changes unseen in a century" and "the Fourth Industrial Revolution" in order to achieve high-quality development, we should accurately position and avoid detours.

Keywords: Industrial Design; Innovation; Index Economy; Industrial Layout; Guangdong-Hong Kong-Macao Greater Bay Area

Abstract: Shenzhen's industrial design has been developed for more than 30 years. It has grown rapidly from relying on market forces to win the title of "Design City", and from leading domestic to going international. Shenzhen's enterprises have repeatedly won Red Dot Awards and iF Awards, and other international awards which play the leading role all over the whole country for many years. Shenzhen's industrial design has gradually become mature and stable. A complete set of industrial ecological chains, perfect talent training systems and government industry support policies composed of the soil for the prosperity and development of industrial design in Shenzhen. In general, in 2020, Shenzhen will create a good environment for the development of industrial design, and social organizations will give full play to the guiding role. However, as the front end of the manufacturing industry, industrial design will shoulder the burden of promoting the orderly, healthy and stable development of the manufacturing industry after the pandemic. We should give full play to Shenzhen's driving strategy of "Guangdong-Hong Kong-Macao Greater Bay Area and a pilot demonstration area of socialism with Chinese characteristics" . We should pay close attention to Shenzhen's strategic emerging sectors such as new energy, new materials and new generation information technology, as well as future industries such as life and health, robotics, wearable devices and intelligent devices, so as to achieve sustainable development power for the industry.

Keywords: Industrial Design; Design Industries; Shenzhen

Ⅳ Special Topics

B.7 Current Condition and Development Trends of China's Industrial Design *Yu Wei*, *Zhao Xueqing* / 098

Abstract: In recent years, the development of industrial design in China has stepped into the fast lane and become an important engine of innovation driven economic and social transformation. On the one hand, industrial design is booming. On the other hand, there are also related problems under the influence of many objective factors. The main problems faced by China's industrial design are the regional and industrial shortcomings in the level of industrial design, the lack of top-notch design talents, the imperfect talent training system, the lack of effective protection of design intellectual property rights and the lack of national cultural heritage. In this paper, the current development trends of China's industrial design and the pain point of the problem are described and analyzed in detail. The crisis of industrial design under the pandemic situation breeds new opportunities. We should pay attention to the combination of internationalization and localization, cultivate multi-skilling design talents, and constantly enhance the competitiveness of China's industrial design.

Keywords: Industrial Design; Multi-skilling Talents; Intellectual Property; Ecological Design

Abstract: In 2020, with the outbreak of COVID－19 pandemic, health industry and online education bucked the trend, and many industries either actively or passively embarked on the road of transformation. In the long history of human development, there have been outbreaks of various pandemic, such as outbreak of SARS in 2003. The battle between humans and pandemic has never ended, and design has been constantly updated in response to the pandemic. Industrial design in the pandemic period is facing the challenges of pandemic protective products design and design concept change. The design globalization and collaborative design in the post-pandemic era are questioned. In general, the COVID－19 pandemic has made more changes in the theory and practice of industrial design. Designers, social activists, urban departments, medical enterprises and information engineers have come together, and the field of industrial design has begun to participate more in social problem solving and public policy-making. Today, the global pandemic is still serious, and new changes will appear in the design in the post-pandemic era. Industrial design practitioners need to find more solutions from the perspective of social innovative design and ecological design.

Keywords: Industrial Design; Health Care; Protective Products; Health Industry

Abstract: This article shows mainly the current condition of China's service design and the relation between industrial design and service design. It is foreseeable

that service design is widely used in various industries such as commerce, medical treatment, and education. This article describes the relationship and connotation of service and design fields, and expounds the key content of the application of service design and innovation value with case studies. It proposes the TES methodology and related theories. The design and theory are sorted out to provide more reference materials and complete the key output of service design development in China.

Keywords: Service Design; Industrial Design; Atomic Design

B. 10 Contemporary Integrated and Innovative Design from the Perspective of Cross-border Integration

Abstract: under the background of the interconnection of all things, the various fields of society are deeply integrated and interactive, and cross-border integration has permeated all aspects of social development and daily life, which makes the design is constantly breaking through the theories, technologies, models and other barriers in various industries, the integration and converges of others burst out of 1 +1 more than 2 of system innovation and service effectiveness. Starting from the perspective of contemporary cross-border integration, this paper summarizes and analyzes the connotation, characteristics, principles, methods, paths and analysis of relevant application cases, in order to summarize the basic principle framework or paradigm of integrated design from the design concept and methodology. In general, with the demand for innovation and the continuous breaking of professional barriers, the integrated design of cross-border integration has been paid more and more attention, which makes the design inevitably become a system engineering. As far as designers are concerned, integrated design requires them to become "design director" or "integrated dispatcher". From the perspective of the intelligent society under the background of Internet, integrated design breaks the barriers between social division of labor, so that everyone has the possibility to become a designer. In the process of integrated design, we should not only stick to the design concept of "a people-centered approach", but also emphasize the principles of "uniting human and universe", social coordination and prospective sustainability.

Keywords: Integrated Design; Innovative Design; Cross-border Integration

Abstract: In the era of "spirit of the craftsman" advocated by the whole society, the main purpose of this paper is to demonstrate and analyze the current situation and future of traditional craftsmen who have supported chinese economy for thousands of years. Through the classification and historical changes of traditional craftsmen, this paper discusses the future and challenges of traditional craftsmen by using the methods of documentary analysis and case analysis from several aspects: new social situation, tourism culture, e-commerce platform, era of globalization and morden technology. Thinking about the future of traditional craftsmen involves all aspects of society, in which economy is the main factor leading the development of traditional craftsmen. It is necessary to put forward some suggestions on the protection of the disappearing traditional craftsmen and their skills.

Keywords: Traditional Craftsmen; Value Creation; Spirit of the Craftsman

V Comparison and Experience Reports

Abstract: Since 2019, the development of global industrial design is facing new technologies, new scenarios, new challenge and new opportunities. This is not only reflected in the rapid development of emerging technologies represented by big data, internet of things, artificial intelligence and 5G technology. It is also reflected in the changes in the international economic, political, scientific and cultural patterns, as well as in people's ideas and behaviors. This paper analyzes the global industrial design in recent years, and studies the future trends. According to the concept change of global industrial design in integration and systematization. We should pay attention to the combination of artificial intelligence and industrial design, and the localization of design concept and evaluation system. In order to clarify the development status and direction of global industrial design, provide forward-looking theoretical thinking and practical suggestions for the development of industrial design in China.

Keywords: Industrial Design; Green Design; Artificial Intelligence

B.13 Current Condition and Development Trends of American Industrial Design (2021)

Abstract: The United States is the world's largest modern design industry in terms of scale and design innovation. Its design pursues practical commercialism, and its design style is diversified. Based on the mature "industries, universities and research institutes" system in the United States, the development of American industrial design has always been the benchmark of international industrial design. But the COVID −19 pandemic outbreak in 2020 exposed the deficiencies of the United States in medical devices and physical industries. This paper summarizes the development status of American industrial design from the aspects of national policy, design organization and industrial design education. This paper analyzes the future trends from the hot issues of American industrial design in recent years. On the whole, although it lags slightly behind in 5G technology, the United States still leads the world in industrial internet, artificial intelligence, intelligent manufacturing, new materials, ecological design and other fields. From the current anti-globalization "reindustrialization" measures in the United States, in the future, the United States will increase investment in new industries that combine industrial design with Internet and artificial intelligence, mainly reflected in the return of anti-globalization real industry to the United States, the weakness of medical device design in the post-pandemic era, and the emergence of innovative design enterprises represented by Musk.

Keywords: Industrial Design; Anti-globalization; Military and Industry Integration

Abstract: South Korean's industrial design has developed rapidly in the past two decades and has become an internationally renowned design power. Its unique design culture has not only the mysterious colour of the East, but also the integration of western industrial civilization. Relying on the active leadership of the government, South Korean's industrial design promotes the development of the country's industry with design, and provides new optimization ideas and development strategies for many industries. While changing the quality of life of the people, South Korean's industrial design actively joins the urban service industry to provide innovative sources of power for social development. Generally, South Korean's industrial design is entering a mature stage. The comprehensive strength of the industry, innovative talent training system, policy support plan and industrial management structure are highly concerned by the society. In the future, the trends of industrial design in South Korean will embody the integration of trend culture and innovative design, the achievement of city brand by regional culture, and the optimization of industrial structure by service design.

Keywords: Industrial Design; Design Industries; Innovative Design

Ⅵ Case Studies

B.15 A Case Study of China Industrial Design Institute

Li Yunhu / 201

Abstract: China Industrial Design Institute (CIDI), a service platform for industrial design innovation in China, is one of the first that was established and cultivated by the Ministry of Industry and Information Technology and the Shanghai Municipal Government. In May 2019, CIDI released "CIDI +" strategy: to assemble innovation, to focus on the clusters innovation, to achieve the goal of building, extending, complementing and strengthening the industrial chains, and to accelerate the development of industrial innovation. Based in Shanghai, CIDI serves the whole country's design industry of taking the Yangtze River Delta as the core. It has achieved initial contribution with the establishment of the "Shanghai Design 100 +", the Shanghai Industrial Design Center, the institute of emerging industries and online service platforms. In the future, CIDI will take the service of design and industrial innovation as a foundation and promote the service platform for it. In brief, we hope to contribute to China's economic development with CIDI's partners.

Keywords: "CIDI +" Strategy; Design Industries; Industrial Design

B.16 Research on the Current Condition and Development Trends of Wisdom Bay

Chen Jian / 215

Abstract: The Wisdom Bay who is the research base of Shanghai Industrial

Park of Robotics, will focus on cutting-edge science and technology, take robotics and smart hardware research and development service as the core, organically combine "intelligence" with "manufacturing", break the regional concept, combine the advantages of both sides, and realize resource sharing, win-win development, mutually-beneficial cooperation in the next step of construction and development. Though China 3D-printing cultural museum as a representative enterprise, through contacting the application end of the industrial chain, it has gathered more than 10 well-known 3D printing enterprises, involving all fields of the industrial chain from top to bottom, forming an innovative industry gathering effect led by 3D printing, helping designers and creators realize commercial value, and opening a new era of private customized design .

Keywords: 3D Printing; Creative Workshop; Cultural Creativity; Robot

Abstract: China 3D-printing cultural museum is built and invested by Shanghai Wisdom Bay Investment Management Co. Ltd. and covers an area of 5000 square meters. It is the first museum with 3D printing theme in global. In the planning and construction of the museum, it is not only focuses on the exhibition of high-tech and application of 3D printing industry, but also widely popularizes 3D printing technology, comprehensively demonstrates the use of new 3D printing technology in consumer goods and the national economy and people's livelihood, and attaches importance to the organic combination of function and educational value, so as to make it a highly participatory and deeply experience of museum. And then enrich cultural connotation of new technology, provides information and examples for the application of additive manufacturing industry in various fields.

Keywords: 3D Printing; High and New Technology; Innovation and Entrepreneurship Education

B.18 A Case Study of Smart Beijing-Zhangjiakou High-speed Railway's Vision Application System Design

Abstract: Hundred of years ago, Zhan Tianyou, the father of China's railway, overcame all difficulties in building the Beijing-Zhangjiakou railway. Today, the Beijing-Zhangjiakou high-speed railway is the first ballasted track high-speed railway in China to operate at 350km/h in cold and windy areas. At the same time, Badalingchangcheng railway station, the largest underground high-speed railway station in the world has been built. We are proud to challenge many world miracles and demonstrate the design level and construction power of China's high-speed railway, which is in the forefront of the world. In order to highlight the "wisdom" and international train design and station guide construction ideas, CRRC SIFANG CO., LTD. together with School of Art and Design of Shanghai Institute of Technology have cooperated to analyze and design the Beijing-Zhangjiakou high-speed railway carriage, passenger guide system and high-speed railway station building with the design concept of "all-round design" and integrating functions, technology, intelligence and service.

Keywords: the Beijing-Zhangjiakou High-speed Railway; Intelligent Carriage; Visual Information Design

S 基本子库

SUB DATABASE

中国社会发展数据库（下设 12 个子库）

整合国内外中国社会发展研究成果，汇聚独家统计数据、深度分析报告，涉及社会、人口、政治、教育、法律等 12 个领域，为了解中国社会发展动态、跟踪社会核心热点、分析社会发展趋势提供一站式资源搜索和数据服务。

中国经济发展数据库（下设 12 个子库）

围绕国内外中国经济发展主题研究报告、学术资讯、基础数据等资料构建，内容涵盖宏观经济、农业经济、工业经济、产业经济等 12 个重点经济领域，为实时掌控经济运行态势、把握经济发展规律、洞察经济形势、进行经济决策提供参考和依据。

中国行业发展数据库（下设 17 个子库）

以中国国民经济行业分类为依据，覆盖金融业、旅游、医疗卫生、交通运输、能源矿产等 100 多个行业，跟踪分析国民经济相关行业市场运行状况和政策导向，汇集行业发展前沿资讯，为投资、从业及各种经济决策提供理论基础和实践指导。

中国区域发展数据库（下设 6 个子库）

对中国特定区域内的经济、社会、文化等领域现状与发展情况进行深度分析和预测，研究层级至县及县以下行政区，涉及省份、区域经济体、城市、农村等不同维度，为地方经济社会宏观态势研究、发展经验研究、案例分析提供数据服务。

中国文化传媒数据库（下设 18 个子库）

汇聚文化传媒领域专家观点、热点资讯，梳理国内外中国文化发展相关学术研究成果、一手统计数据，涵盖文化产业、新闻传播、电影娱乐、文学艺术、群众文化等 18 个重点研究领域。为文化传媒研究提供相关数据、研究报告和综合分析服务。

世界经济与国际关系数据库（下设 6 个子库）

立足“皮书系列”世界经济、国际关系相关学术资源，整合世界经济、国际政治、世界文化与科技、全球性问题、国际组织与国际法、区域研究 6 大领域研究成果，为世界经济与国际关系研究提供全方位数据分析，为决策和形势研判提供参考。